# ESSAI

## SUR LA SOLUTION NUMÉRIQUE

DE

## QUELQUES PROBLÈMES

RELATIFS AU

# MOUVEMENT PERMANENT

# DES EAUX COURANTES;

PAR M. J.-B. BELANGER,

Ingénieur au Corps royal des Ponts et Chaussées.

## A PARIS,

CHEZ CARILIAN-GOEURY, LIBRAIRE

DES CORPS ROYAUX DES PONTS ET CHAUSSÉES ET DES MINES,

QUAI DES AUGUSTINS, N° 41.

1828

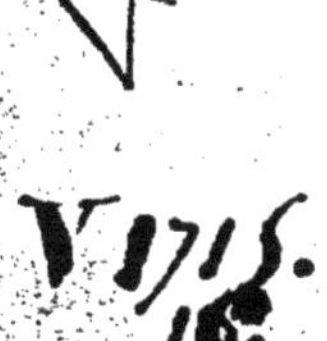

IMPRIMERIE DE BÉRAUD-COURCIER,
rue du Jardinet, nº 12.

L'Auteur de cet Écrit, remplissant auprès de M. Sartoris (concessionnaire des Canaux du duc d'Angoulême et des Ardennes, et des travaux à faire sur les rivières adjacentes) les fonctions attribuées, par une des lois du 5 août 1821, à un ingénieur en chef des Ponts et Chaussées, s'est trouvé, dans l'exercice de ses fonctions, avoir besoin de résoudre le problème d'Hydraulique suivant : « Un courant d'eau perma-
» nent, d'un produit connu, étant supposé devoir s'établir
» dans un canal donné, dont le fond est horizontal longi-
» tudinalement, trouver la pente qui aura lieu à la surface
» de ce courant. » Pour y parvenir, l'Auteur a proposé, dans un Mémoire imprimé en 1823, un procédé de calcul qui, dans le temps, a été jugé *heureusement conçu,* et qui était en effet d'une exactitude suffisante pour la conséquence qu'il en tirait; mais il ne s'est pas dissimulé les objections théoriques qui auraient pu être faites à sa solution, et il a senti de lui-même le désir de l'améliorer.

De nouvelles recherches l'ont amené aux résultats consignés dans le Mémoire qu'il publie maintenant, et où l'on trouvera le problème énoncé ci-dessus, traité comme cas particulier d'une question qui embrasse plusieurs autres problèmes d'Hydraulique également intéressans et susceptibles d'applications fréquentes dans l'art de l'Ingénieur.

Ce nouveau Mémoire, présenté à M. Becquey, conseiller d'État, Directeur général des Ponts et Chaussées et des Mines, a été soumis à l'examen d'une Commission composée de MM. Bérigny, Brisson et Cavenne, inspecteurs divisionnaires, qui en a fait l'objet d'un rapport très détaillé et très favorable, dont voici les conclusions :

« En résumé, la Commision est d'avis que le travail de
» M. Belanger est fait avec beaucoup de talent, et qu'il peut
» être fort utile ; en conséquence, elle pense qu'il doit mé-
» riter à son auteur des témoignages de satisfaction et d'en-
» couragement. »

Sur ce rapport, le Conseil général des Ponts et Chaussées a émis l'avis suivant, dans sa séance du 21 juillet 1827 :

» Le Conseil général des Ponts et Chaussées adopte l'avis
» de la Commission, et exprime en outre le désir de voir le
» travail de M. Belanger rendu public, attendu l'utilité dont
» il peut être pour les Ingénieurs. »

M. le Directeur général a bien voulu faire connaître à l'Auteur qu'il verrait aussi cette publication avec plaisir.

# ESSAI
## SUR LA SOLUTION NUMÉRIQUE

### DE

### QUELQUES PROBLÈMES

#### RELATIFS AU MOUVEMENT PERMANENT DES EAUX COURANTES.

[1.] On sait quel important service M. de Prony a rendu à la science hydraulique et à l'art de l'ingénieur, en publiant, en 1804, ses *Recherches physico-mathématiques sur la théorie des eaux courantes*.

Au moyen des formules dues à ce savant célèbre, on peut résoudre facilement et avec l'exactitude désirable, toutes les questions pratiques relatives au mouvement des eaux courantes, pourvu que, dans les limites fixes de l'espace où on le considère, ce mouvement soit *uniforme;* ce qui implique que le courant se compose de filets sensiblement parallèles et rectilignes, dont les élémens fluides sont animés d'une vitesse qui peut n'être pas la même dans tous les filets, mais qui est constante dans l'étendue de chacun d'eux en particulier.

[2.] Quand il s'agit de l'écoulement de l'eau par un tuyau, l'uniformité de mouvement se réalise au moyen de certaines conditions qui sont : que le tuyau offre une section transversale constante ; qu'il soit partout plein d'eau; qu'il soit droit, ou n'ait que des inflexions peu sensibles ; que le réservoir d'où il part soit constamment alimenté, de manière à entretenir sur l'orifice d'entrée une charge d'eau invariable et suffisante; que la pression sur l'orifice de sortie soit aussi constante; qu'enfin la longueur du tuyau excède une certaine limite, en-deçà de laquelle le phénomène de la contraction s'oppose à l'existence du mouvement par filets parallèles. Or, ces conditions ont fréquemment lieu dans les conduites d'eau, et les praticiens doivent à M. de Prony de n'avoir alors, pour ainsi dire, qu'à jeter les yeux sur une table de nombres calculés d'avance, pour connaître la relation qui existe entre la dépense, le diamètre, la longueur, la pente totale du tuyau et la différence de pression sur ses extrémités. Si des anomalies peu considérables apportent quelque altération à *l'uniformité* du mouvement, la formule de M. de Prony, sans être rigoureusement applicable, n'en est pas moins encore d'une grande utilité pour la pratique, parce qu'elle fournit une approximation que le raisonnement discute afin de juger du degré de confiance qu'il faut accorder au résultat.

[3.] Lorsque l'écoulement a lieu dans un canal découvert, naturel ou factice, les conditions de l'uniformité de mouvement sont loin d'être aussi simples que dans un tuyau de conduite. Elles exigent certaines circonstances sur lesquelles il n'est peut-être pas inutile d'arrêter l'attention du lecteur.

Imaginons un canal d'une longueur quelconque, dont les parois soient immobiles et inaltérables par le courant qui pourra s'y établir ; supposons que sa pente et son profil transversal varient suivant une loi quelconque, pourvu qu'il n'en résulte pas, dans les parois, des changemens brusques de direction qui puissent occasioner des tournoiemens ou des ondulations dans l'eau qui y coulera; concevons enfin qu'un tel canal soit alimenté à l'une de ses extrémités par une source d'un produit constant par seconde, et offre à l'autre bout un mode fixe d'évacuation, par exemple, une embouchure dans un bassin d'un niveau invariable, ou un déversoir de superficie, ou bien encore une cataracte de fond entièrement libre du côté d'aval. Après un certain laps de temps, à compter de l'instant de la première introduction de l'eau dans le canal, il s'établira dans toute son étendue un courant dont chaque section transversale dépensera , par seconde, précisément la même quantité d'eau que fournit la source. Dès lors , la surface du cours d'eau conservera une position invariable, de manière qu'à quelque instant que l'on prenne une section du courant, par un même plan fixe quelconque, cette section sera toujours la même. Cet état du cours d'eau s'appelle en général *régime permanent*, et il importe de ne pas le confondre avec le *régime uniforme*, qui n'en est qu'un cas particulier.

[4.] En effet, *l régime permanent* a pour seule condition, que le courant soit décomposable en filets fluides invariables de forme et de position, dépensant un volume d'eau constant pendant l'unité de temps, mais dont la section, et par conséquent la vitesse, peuvent être variables d'un point à un autre d'un même filet. Or, cette dernière circonstance distingue le régime *simplement permanent*, du régime *uniforme*, où la section et la vitesse de chaque filet en particulier est constante, entre les limites considérées.

[5.] On conçoit aisément que la nature présente de fréquens exemples du régime sensiblement permanent des eaux. Il suffit pour cela qu'une source, d'un produit variant très peu par rapport au temps, coule dans un lit de forme à peu près invariable. L'action toujours égale de la gravité expliquerait seule dans ce cas la permanence du régime. Mais pour rendre compte de l'uniformité du mouvement des eaux, telle que la nature nous l'offre quelquefois, et que l'art la réalise souvent, il faut avoir recours à d'autres causes ; ce sont : d'abord, la résistance ou l'espèce de frottement que les parois du lit d'un courant opposent à son écoulement, et en second lieu, la viscosité de l'eau qui fait que cette résistance se transmet de proche en proche aux filets intérieurs de la masse. L'expérience a prouvé l'existence de ces causes de retard des cours d'eau ; et, en partant de cette donnée, l'analyse des forces qui agissent sur une masse fluide en mouvement, a prouvé que pour faire couler un *certain* volume d'eau constant par seconde, avec une section de grandeur et de figure *données* et *constantes*, il faut que le canal ait une *certaine* pente *uniforme*.

[6.] Cela posé, admettons que le canal considéré à l'article 3 soit de la forme la plus favorable que nous puissions imaginer à l'uniformité du mouvement : ainsi, son lit présentera une surface prismatique ou cylindrique à base quelconque, ou, en d'autres termes, son profil et sa pente seront partout les mêmes, et sa direction sera rectiligne. Il est facile de voir que ces conditions ne seront pas suffisantes pour que le régime permanent du courant soit uniforme ; car cette uniformité ne peut avoir lieu, à moins que la surface de l'eau ne prenne exactement la même pente que le fond du canal. Or, cela est quelquefois impossible, par exemple, lorsque le fond est horizontal, ou que sa déclivité est en sens contraire du courant.

1..

[7.] Il y a plus: lorsque cette déclivité sera dans le sens du courant, sa valeur étant connue, ainsi que la forme du lit et le volume d'eau à dépenser, la formule de M. de Prony, relative aux canaux découverts, fera connaître quelle est la hauteur à laquelle l'eau doit s'élever au-dessus du fond, pour que le régime uniforme ait lieu ; et par conséquent, *si* l'on parvient à maintenir cette hauteur d'eau à l'extrémité d'aval du canal, par un déversoir ou par tout autre moyen, le régime uniforme s'établira dans toute la longueur du courant, sauf le voisinage immédiat de la source. Mais *si*, au contraire, le mode d'écoulement des eaux à l'issue du canal ne les tient pas exactement à la hauteur du régime uniforme, ce régime n'existera pas. La surface des eaux est-elle soutenue quelque part à une hauteur plus grande que celle qu'indique la formule, la masse fluide se gonflera, et diminuera sa vitesse, généralement par degrés insensibles, en venant de la source vers ce point ; au contraire, les eaux vers leur sortie du canal se précipitent-elles en cataracte, ou, en général, se tiennent-elles au-dessus du fond à une hauteur moindre que celle du régime uniforme, le courant se déprimera et s'accélérera insensiblement en approchant de ce point. Dans les deux cas, il y aura régime permanent, mais non régime uniforme.

[8.] A la vérité, si l'on considère divers points du courant, on reconnaîtra qu'à mesure qu'on s'éloigne de son embouchure, le régime permanent s'approche de plus en plus de l'uniformité; de sorte que, moyennant une pente de fond vers l'aval, et une longueur *suffisante*, le courant aura, sur une certaine étendue du canal à partir de la source, un régime sensiblement uniforme. Mais je ne crois pas que personne ait encore donné un moyen *raisonné* pour déterminer, même par approximation, ni cette longueur suffisante, ni la forme qu'affecte la surface du courant dans la partie dont le régime s'écarte sensiblement de l'uniformité. Peut-être après avoir lu cet essai, trouvera-t-on que son auteur a fait un pas vers ce but.

Je me propose d'arriver à la solution, au moins approximative, des problèmes qui se rapportent au mouvement permanent des eaux courantes, dans les cas les plus simples et les plus ordinaires que présente la pratique.

Après avoir établi la formule générale qui me paraît fournir cette solution, j'en ferai l'application 1°. au calcul de la pente qui a lieu à la superficie d'un courant permanent, dans un aqueduc prismatique à fond horizontal ; 2°. à la recherche de la forme des gonflemens qui se produisent dans les cours d'eau, en amont des barrages qu'on y construit dans l'intérêt de la navigation ou de l'industrie manufacturière.

[9.] A l'exemple du savant auteur des *Recherches physico-mathématiques sur les eaux courantes*, j'adopterai, dans l'analyse qui va suivre, trois hypothèses qu'il ne faudra pas perdre de vue, parce que, bien qu'elles soient admissibles sans erreur notable dans les cas ordinaires, l'éloignement où elles seront quelquefois de la réalité servira à expliquer les différences plus ou moins grandes qui se rencontreront alors entre les résultats de l'expérience et ceux qu'annoncera la théorie.

1°. Imaginant que l'espace occupé par un courant en régime permanent soit partagé en tranches infiniment minces, par des plans normaux à l'axe d'un des filets fluides, on admet que la vitesse des molécules d'eau est constamment la même pour toutes celles qui traversent un même plan, et qu'elle ne varie qu'en passant d'un plan à l'autre.

2.° On suppose que chaque molécule d'eau se meut sensiblement en ligne droite, de sorte qu'on puisse négliger la force centrifuge due au mouvement curviligne, s'il a lieu, comme disparaissant sans erreur appréciable, auprès des autres forces agissant sur le système.

3°. Enfin, l'analyse qui suit ne s'applique qu'aux cas où les dimensions de la section, ou du profil en travers du courant, varient de quantités très petites en comparaison de la longueur, de sorte qu'on puisse considérer à chaque instant la vitesse de chaque molécule comme perpendiculaire à la tranche qu'elle traverse, en négligeant les vitesses transversales qui existent, à la rigueur, dès que la section est variable d'une tranche à l'autre.

[10.] De ces trois hypothèses, la première ( celle du mouvement *par tranches* ) ne se réalise jamais dans la nature, parce que la résistance que la paroi du lit oppose au mouvement de l'eau ne se transmet qu'en s'atténuant aux filets intérieurs, jusqu'à un certain filet central qui a plus de vitesse que tous les autres. Mais comme en général les vitesses des divers filets ne diffèrent pas beaucoup entre elles (*), on sent que l'on ne commet qu'une faible erreur, en les remplaçant toutes par la vitesse moyenne, qui est le quotient du volume d'eau dépensé dans l'unité de temps, divisé par l'aire de la tranche au point considéré.

Dès que cette compensation est admise, chaque filet fluide peut être considéré comme retardé par une force qui agit à la manière du frottement en sens contraire du mouvement, et l'on peut voir dans l'ouvrage cité de M. de Prony, comment l'expérience a conduit à reconnaître que cette force est généralement représentée par l'expression

$$ g\, \frac{\chi}{\omega}\, (av + bv^2), $$

dans laquelle le mètre étant pris pour unité linéaire, et la seconde pour unité de temps,

$g = 9^m,8088$ représente la force accélératrice de la pesanteur,

$\omega$ l'aire de la section transversale à laquelle appartient la molécule que l'on considère,

$\chi$ la longueur du périmètre mouillé de cette section,

$v$ la vitesse moyenne, supposée commune à toutes les molécules qui traversent cette section,

$a$ et $b$ deux nombres constans déterminés par l'expérience (**).

[11.] Cela posé, considérons dans le courant un point quelconque

---

(*) Il est certains cas où les vitesses diffèrent beaucoup entre elles, et que par conséquent la théorie de M. de Prony et celle de cet écrit ne comportent pas. Tel est, par exemple, le cas des rivières débordées, auquel il faudrait se garder d'appliquer sans restriction les résultats de ces théories.

(**) Selon M. de Prony, on a

$$ a = 0,0000444499, \qquad b = 0,0003093140. $$

Selon M. Eytelwein, qui a suivi exactement les traces de M. de Prony pour la théorie du mouvement de l'eau dans les canaux, mais qui a eu l'avantage de réunir un plus grand nombre de données expérimentales, on a

$$ a = 0,0000242651, \qquad b = 0,0003655430. $$

On voit, dans le *Recueil de cinq tables*, etc., publié récemment par M. de Prony, que les différences respectives de ces coefficiens, quoiqu'en apparence assez grandes, influent peu sur les résultats des calculs d'application.

M projeté en M' dans la figure ci-contre. Par ce
point, concevons le plan normal à l'axe, et ren-
contrant cet axe au point P; ce plan est perpendiculaire à celui de la figure qu'il rencontre suivant la ligne M'P.

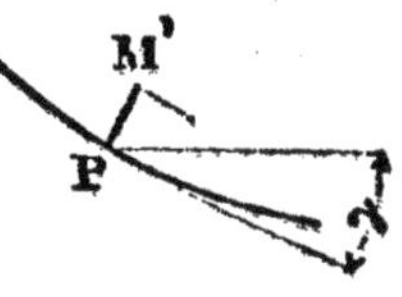

Soient, en conservant d'ailleurs les notations de l'article précédent,

$s$ la longueur de l'axe, comprise entre le point P et un point fixe du
même axe, pris du côté de la source;

$y$ la distance M'P entre la molécule considérée et la ligne horizontale
menée par l'axe dans le plan de la section transversale, laquelle ligne
est projetée en P;

$\gamma$ l'angle formé avec l'horizon par la direction de l'axe au point P,
ou, ce qui est la même chose, par la direction de la vitesse du courant
au point M;

$p$ la pression du fluide au point M;

$t$ le temps à partir d'un instant quelconque.

Je décompose la gravité qui agit sur le fluide au point M en deux
forces : l'une perpendiculaire à la direction de la vitesse, suivant l'ordonnée $y$, et qui sera $g \cos \gamma$; l'autre dans le sens du mouvement, et
qui sera $g \sin \gamma$. Ainsi les forces accélératrices appliquées au fluide,
sont :

dans la direction du mouvement........ $g \sin \gamma - \frac{g\chi}{\omega}(av + bv^2)$,

et perpendiculairement au mouvement...  $g \cos \gamma$.

Maintenant j'observe qu'attendu le mouvement sensiblement rectiligne du fluide, les molécules qui passent au point M se meuvent
comme si elles étaient sollicitées par une seule force accélératrice agissant dans la direction du mouvement, et égale à $\frac{dv}{dt}$; et, en vertu
du principe général de Dynamique, la pression $p$ est précisément celle
qui aurait lieu dans l'état d'équilibre du fluide soumis aux forces accélératrices appliquées réellement, et à la force $\frac{dv}{dt}$ dirigée en sens contraire du mouvement.

Appliquant en conséquence les principes de l'équilibre des fluides,
on aura les deux équations différentielles partielles

$$\frac{dp}{ds} = g \sin \gamma - \frac{gx}{a}(av + bv^2) - \frac{dv}{dt},$$

$$\frac{dp}{dy} = - g \cos \gamma.$$

[12.] Attendu que $\gamma$ n'est pas fonction de $y$, on tire de la seconde équation

$$p = - gy \cos \gamma + c,$$

$c$ désignant une quantité indépendante de $y$, mais qui peut être fonction de $s$. Pour la déterminer, on observera que le courant étant en contact avec l'atmosphère, la pression à sa surface est une quantité constante. Soit A cette pression constante, et soit $h$ la valeur de $y$ qui, dans la tranche considérée, correspond à la surface de l'eau. En d'autres termes, $h$ est la distance du point P de l'axe, à la surface du courant dans cette tranche. On aura

$$A = - gh \cos \gamma + c;$$

et, en éliminant $c$ entre cette équation et la précédente,

$$p = A + g\,(h - y) \cos \gamma.$$

[13.] Ayant obtenu cette formule générale, je puis en conclure une deuxième expression de la dérivée partielle $\frac{dp}{ds}$. A la rigueur, les quantités $h$ et $\cos \gamma$ sont, toutes les deux, fonctions de $s$; mais attendu le mouvement presque rectiligne du courant, l'angle $\gamma$ varie de quantités négligeables par rapport aux accroissemens de $s$. En conséquence, je considère comme constant, dans la différenciation, $\cos \gamma$, qui d'ailleurs diffère toujours très peu de l'unité; j'aurai donc

$$\frac{dp}{ds} = g \cos \gamma \cdot \frac{dh}{ds}.$$

[14.] De cette équation et de la première des deux qui terminent l'article 11, je tire

$$\sin \gamma \cdot ds - \cos \gamma \cdot dh - \frac{x}{a}(av + bv^2)\,ds - \frac{dv\,ds}{g\,dt} = 0.$$

[15.] Appelant Q le volume d'eau dépensé constamment dans l'ul'unité de temps, on a

$$v = \frac{Q}{\omega}; \quad \text{d'où} \quad dv = -\frac{Q}{\omega^2}.d\omega.$$

Il est clair qu'on a aussi

$$\frac{ds}{dt} = v, \quad \text{ou} \quad \frac{ds}{dt} = \frac{Q}{\omega}; \quad \text{donc} \quad \frac{dv\,ds}{dt} = -\frac{Q^2}{\omega^3}\,d\omega.$$

[16.] Cette expression substituée dans l'équation de l'article 14, donne

$$\sin\gamma\,ds - \cos\gamma\,dh - \frac{\chi}{\omega}\left(av + bv^2\right)ds + \frac{Q^2}{g\omega^3}\,d\omega = 0.$$

[17.] D'après les conditions (article 9) qui restreignent les cas auxquels cette analyse s'applique, il est clair qu'on peut choisir, pour axe du courant, l'un quelconque des filets dont il se compose, par exemple, la ligne qui serait tracée longitudinalement par les points les plus bas du lit du canal. Dans ce cas, la longueur $s$ sera mesurée sur le fond, l'ordonnée $h$ sera la plus grande profondeur d'eau mesurée perpendiculairement à la ligne d'eau dans la section normale à l'extrémité de l'arc $s$; $\gamma$ sera l'angle du fond au même point avec l'horizon, et si l'on fait $\sin\gamma = i$, l'équation précédente deviendra

$$i\,ds - \sqrt{1 - i^2}\,dh - \frac{\chi}{\omega}\left(av + bv^2\right)ds + \frac{Q^2}{g\omega^3}\,d\omega = 0.$$

Le lit du canal est supposé donné; sa pente et son profil pourront varier de l'une à l'autre de ses extrémités, pourvu que ce soit par degrés peu sensibles; la quantité $i$ sera une fonction donnée de $s$; $\omega$ et $\chi$ seront des fonctions également déterminées de $s$ et de $h$; il en sera de même de $v$, puisqu'on a $v = \frac{Q}{\omega}$. Ainsi l'équation précédente pourra être ramenée à ne contenir d'autres variables que $s$, $h$, et leurs différentielles, ce qui réduit à une difficulté de calcul intégral le problème de déterminer la courbe suivie par les filets fluides de la surface du courant, courbe entièrement connue dès que l'on aura la valeur de la profondeur $h$, normale à l'axe du lit, correspondante à chaque longueur ou distance $s$.

[18.] Lorsque la pente et le profil transversal du canal seront constans, le problème deviendra beaucoup plus simple ; $\chi$ et $\omega$ ne seront plus fonctions que de $h$, et si l'on désigne par $x$ la largeur variable du profil, à la surface de l'eau, cette nouvelle quantité sera également une fonction de $h$, et l'on aura

$$d\omega = x dh.$$

[19.] Substituant cette dernière expression dans l'équation de l'article 17, et remplaçant $\frac{Q^2}{\omega^2}$ par sa valeur $v^2$, on obtient

$$ds = \frac{\frac{v^2 x}{g \omega} - \sqrt{1 - i^2}}{\frac{\chi}{\omega}(av + bv^2) - i} \, dh,$$

équation de la forme $ds = F(h).dh$, la plus simple qui puisse être soumise au calcul intégral. Elle donnera pour chaque valeur de $h$, la valeur correspondante de $\frac{ds}{dh}$, dont l'inverse $\frac{dh}{ds}$ sera la tangente trigonométrique de l'angle formé par la surface de l'eau avec le fond du lit ; et puisque par la quantité $i$ on connaît l'angle de ce fond avec l'horizon, on en conclura la déclivité de la surface du courant, rapportée également à l'horizon : cela peut être quelquefois utile.

[20.] Parmi les valeurs individuelles qu'on peut assigner à $h$ dans l'équation précédente, il en est une particulièrement remarquable : c'est celle qui rend la quantité $\frac{ds}{dh}$ infinie. Il est clair qu'il faut et qu'il suffit pour cela que cette valeur de $h$ satisfasse à l'équation

$$\frac{\chi}{\omega}(av + bv^2) - i = 0.$$

La quantité linéaire $\frac{\omega}{\chi}$ est ce qu'on appelle, à l'exemple de Dubuat, le *rayon moyen* de la section transversale. Dans les cas d'application que comporte l'analyse précédente, cette quantité croît en même temps que $h$, et par conséquent $\frac{\chi}{\omega}$ décroît à mesure que $h$ augmente. Il en est évidemment de même de $v$, et par suite de $av + bv^2$. Il s'ensuit, 1°. que l'équation ci-dessus ne peut être satisfaite que par une seule valeur de $h$, que je représenterai par H; 2°. que selon qu'on substitue dans le polynome $\frac{\chi}{\omega}(av + bv^2) - i$ une valeur de $h$ plus grande ou plus petite que H, ce polynome devient négatif ou positif.

[21.] La valeur H donnant $\frac{ds}{dh} = \infty$, ou $\frac{dh}{ds} = 0$, il en résulte qu'à l'endroit du courant où cette profondeur a lieu, la surface de l'eau a la même déclivité que le fond du lit. Cette quantité H est donc ce que j'ai désigné à l'article 7 sous le nom de *hauteur du régime uniforme*. L'équation précédente, à laquelle elle satisfait, est effectivement celle que M. de Prony a donnée, comme représentant la relation qu existe entre les quantités $i$, $\omega$, $\chi$ et $v$, lorsque le régime est uniforme.

[22.] Toutes les fois que dans un canal de l'espèce définie à l'article 18, on saura qu'en un point déterminé du profil longitudinal du courant, la profondeur $h$ a une certaine valeur, que je désignerai par $h_0$, différente de celle qui convient au régime uniforme, si l'on veut trouver d'autres points du même profil, il ne s'agira que d'intégrer à partir de la limite $h_0$ l'expression de $ds$ donnée à l'article 19; et comme, même dans les cas les plus simples, cette intégration effectuée selon les méthodes rigoureuses exigerait des calculs d'une extrême longueur, il sera bien préférable de l'opérer en donnant à la profondeur variable $h$, une série de valeurs $h_0$, $h_1$, $h_2$, $h_3$,... croissantes ou décroissantes (selon la question qu'on se propose) par degrés peu sensibles à partir de $h_0$, et en intégrant par approximation la différentielle $ds$ successivement entre $h_0$ et $h_1$, $h_1$ et $h_2$, $h_2$ et $h_3$..., et ainsi de suite jusqu'à l'ordonnée à laquelle on jugera à propos de s'arrêter. Ceci va devenir plus clair par quelques exemples.

[23.] Je me propose d'abord de traiter une question qui a été récemment agitée à l'occasion des projets de distribution des eaux de l'Ourcq dans l'intérieur de Paris. Il s'agit ici d'un aqueduc à fond horizontal, et où, par conséquent, il n'y a pas de régime uniforme possible; car l'équation de l'article 20 est inconciliable avec $i = 0$.

[24.] Un devis imprimé en 1812, dans lequel M. Girard, ingénieur en chef, directeur, a fait la *description générale* des ouvrages proposés par lui pour la distribution des eaux du canal de l'Ourcq, fournit les données suivantes :

« ART. 6. Les eaux du bassin de la Villette en seront dérivées dans
» un aqueduc de maçonnerie qui se soutiendra à la même hauteur que
» ce bassin, et qui contournera la partie septentrionale de Paris, jus-
» qu'à la plaine de Mouceaux.

» ART. 7. Il sera pratiqué sur différens points de la longueur de
» cet aqueduc, des regards de distribution dans lesquels les conduites
» principales destinées aux différens quartiers auront leur origine.

» ART. 46. Le radier de l'aqueduc de ceinture se soutiendra dans
» toute sa longueur, au même niveau que le fond du bassin de la
» Villette ; *les eaux y couleront en vertu de la pente qui s'établira à
» leur surface.*

» ART. 53. La largeur de la cunette sera de $1^m,30$ au niveau du ra-
» dier, et de $1^m,40$ à l'affleurement du dessus des murs latéraux, qui
» auront $1^m,60$ de hauteur. »

D'où il s'ensuit que le talus de ces murs est de 1 de base pour 32 de
hauteur.

L'art. 45 du même devis indique que la longueur totale de l'aqueduc de ceinture devait être de 4357 mètres.

Suivant les art. 126, 146, 160, l'aqueduc devait fournir ses eaux
à trois rigoles d'embranchement placées à peu près ainsi qu'il suit :

Depuis l'origine de l'aqueduc jusqu'à la rigole de Saint-
Laurent, distance.................................................. $905^m$

Depuis la rigole Saint-Laurent jusqu'à celle des Mar-
tyrs.................................................................... $1592$

Depuis la rigole des Martyrs jusqu'à celle de Mouceaux,
située à l'extrémité de l'aqueduc de ceinture............ $1860$

Total égal à la longueur de l'aqueduc................ $4357^m.$

Le devis cité ne fait pas connaître quel était le volume d'eau qu'on
se proposait de faire passer par l'aqueduc et par les rigoles d'embranchement. Je supposerai que ce volume soit de $0^m,80$ par seconde, ce
qui revient à environ 3700 pouces de fontainier ; mais avant de faire
une hypothèse sur son partage entre les trois rigoles d'embranchement,

je me proposerai une première question qu'on ne trouvera peut-être pas sans intérêt.

[25.] Première question. *Supposé que l'aqueduc de ceinture reçoive constamment du bassin de la Villette un volume de $0^m,80$ par seconde, qui n'ait d'issue que par le regard de Mouceaux, les autres rigoles d'embranchement étant supposées fermées, on demande à quelle hauteur il faudra que s'élève la surface de l'eau à l'origine de l'aqueduc, en admettant qu'à son embouchure dans le regard de Mouceaux cette surface se tienne à $0^m,40$ au-dessus du radier.*

[26.] La pente du fond de l'aqueduc étant nulle, il faudra faire $i = 0$ dans la formule de l'article 19, et l'on aura, en multipliant haut et bas par $\omega$,

$$ds = \frac{\frac{v^2 s}{g} - \omega}{\chi(av + bv^2)} . dh,$$

qu'il s'agit d'intégrer entre deux limites, $h_m$, ordonnée cherchée, et $h_o = 0,40$, qui donnent

$$\int_{h_m}^{h_o} ds = 4357.$$

[27.] On observera que, puisque $h$ diminue quand $s$ augmente, si l'on veut considérer $ds$ et $dh$ comme positives en même temps, il faut changer le signe de la formule précédente, et écrire

$$ds = \frac{\omega - \frac{v^2 s}{g}}{\chi(av + bv^2)} dh,$$

à intégrer depuis $h_o = 0,40$ jusqu'à $h_m$; cette dernière limite étant telle que l'on ait

$$\int_{h_o}^{h_m} ds = 4357.$$

[28.] D'après les données de l'article 24, on a

$$x = 1,30 + \frac{2}{32} h = \frac{1}{32} (41,6 + 2h),$$

$$\chi = 1,30 + 2h \sqrt{1 + \frac{1}{(32)^2}} = \frac{1}{32} (41,6 + 64,03h),$$

$$\omega = \frac{h}{2} (1,30 + x) = \frac{h}{32} (41,6 + h),$$

$$v = \frac{Q}{\omega} = \frac{0,80}{\omega}.$$

[29.] On voit, d'après cela, qu'il sera commode pour le calcul de mettre l'expression de *ds* sous la forme

$$ds = \frac{32\omega - \frac{v^2}{2g} (83,2 + 4h)}{(41,6 + 64,03h)(av + bv^2)} \, dh.$$

[30.] Pour l'intégrer approximativement, je dresse le tableau ci-joint, n° 1, dont voici la composition :

1re *Colonne*. Valeurs successives de $h$, en série par équidifférence dont la raison est 0,1, à partir de la hauteur donnée $h_0 = 0,40$.

2me *Colonne*. Valeurs de $32\omega = h(41,6 + h)$, en série dont la différence seconde est constante et $= 0,02$, ce qui rend le calcul de cette colonne très rapide.

3me *Colonne*. Valeurs de $v = \frac{0,80}{\omega} = \frac{25,6}{32\omega}$ obtenues au moyen de la colonne précédente.

4me *Colonne*. Valeurs de $\frac{v^2}{2g}$ ou hauteurs dues aux vitesses $v$ de la 3me colonne (*).

---

(*) On trouve les hauteurs $\frac{v^2}{2g}$ toutes calculées pour les valeurs de $v$, de centimètre en centimètre jusqu'à 10m,00, dans la nouvelle édition de Bélidor (*Arch. hyd.*, page 274), et tout ingénieur qui n'aurait pas cet ouvrage ferait bien de calculer une table semblable, à cause de son usage fréquent dans les questions de Mécanique. Toutes les fois que la vitesse $v$ exprimée en millimètres ne dépasse pas 1m, on cherche dans la table une vitesse décuple qui se trouve exprimée en centimètre, et l'on divise la hauteur correspondante par 100. Ainsi la hauteur due à 0m,45 est 0m,010739, parce que, suivant la table citée, à la vitesse 4m,59 répond la hauteur 1m,0739.

5.º *Colonne*. Valeurs de $83,2 + 4h$, série dont la différence constante est $0,4$.

6.º *Colonne*. Valeurs de $\frac{v^2}{2g}(83,2 + 4h)$, produits des nombres des
deux colonnes 4 et 5.

7.º *Colonne*. Différences des nombres de la 2.º et de la 6.º colonne,
ou valeurs du numérateur de $\frac{ds}{dh}$ (article 29).

8.º *Colonne*. Valeurs de $41,6 + 64,03h$, série dont la différence
constante $= 6,403$.

9.º *Colonne*. Valeur de $av + bv^2$ correspondantes aux valeurs de $v$ de
la 3.º colonne. On trouve cette fonction $av + bv^2$ toute calculée, pour
des valeurs de $v$ croissant d'un centimètre depuis $0$ jusqu'à $3^m$, dans le
*Recueil de cinq tables*, etc., de M. de Prony, pages $39 - 44$ (*).

10.º *Colonne*. Produits des nombres des deux colonnes 8 et 9, ou
valeurs du dénominateur de $\frac{ds}{dh}$ (article 29).

11.º *Colonne*. Quotiens des nombres de la  .º colonne, divisés par
ceux de la 10.º, ou valeurs de la fonction $\frac{ds}{d\xi}$.

On voit que la composition de ce tableau, quelque compliqué qu'il
paraisse, n'exige que des calculs en général fort simples, et moins
nombreux qu'on ne pourrait le croire au premier coup d'œil.

[31.] L'usage qu'on en fait n'est pas moins facile.

L'équation de l'article 33 étant de la forme $ds = F(h)dh$, la 11.º

---

(*) On remarquera que la table à laquelle je renvoie n'était pas destinée à l'u-
sage que j'en fais, mais seulement à résoudre les problèmes relatifs au mouvement
uniforme. C'est pour cela que les valeurs de la fonction $av + bv^2$ y sont désignées
comme valeurs de RI, les quantités R et I étant alors ce qu'on appelle le *rayon
moyen* et la *déclivité* du courant. Mais quand le mouvement est varié, le rayon
moyen $\frac{x}{\varpi}$ et la déclivité de superficie sont variables, et de plus l'égalité.......
$av + bv^2 = $ RI n'a plus lieu. Cela n'empêche pas cependant que les colonnes 2 et 3
de la table 1.º de M. de Prony, ne donnent les valeurs de $av + bv^2$ correspondantes
aux valeurs de $v$ de la colonne 1. J'ai préféré la colonne 2 qui résulte des coefficiens d'Eytelwein, parce qu'ils ont été calculés plus récemment d'après un plus
grand nombre d'expériences que ceux de M. de Prony.

colonne du tableau donne les valeurs de F($h$) correspondantes aux valeurs de $h$, en série par équidifférence, qui sont dans la 1$^{re}$ colonne. Or, on remarque que ces valeurs de F($h$) sont aussi, à peu de chose près, en progression par différence, et l'on en conclut que la distance $s_{m+1} - s_m$ qui sépare deux profondeurs consécutives $h_m$, $h_{m+1}$, est très approximativement égale au produit de la moitié de la somme des deux valeurs F($h_m$) et F($h_{m+1}$) correspondantes, multipliée par la différence $h_{m+1} - h_m$ (*). De là le procédé pour obtenir avec une approximation suffisante les longueurs de canal comprises entre les points du courant où la profondeur a les diverses valeurs portées dans la 1$^{re}$ colonne; procédé d'une exécution très prompte, attendu que la différence des valeurs consécutives de $h$ est 0,1. En ajoutant les résultats obtenus, on a la distance totale qui sépare deux profondeurs quelconques. C'est ainsi qu'on trouve que, depuis la profondeur $h = 0^m,40$ jusqu'à celle de $h = 1^m,60$, la distance serait de 3 557$^m$, et que, jusqu'à $h = 1^m.70$, elle serait de 4620$^m$ (**).

[32.] La valeur de $h$ à l'extrémité de la distance de 4357$^m$, longueur de l'aqueduc, est donc celle qui, intercalée dans le tableau n° 1, se

---

(*) Les notions de la quadrature des courbes rendent cette proposition évidente. Imaginons une courbe dont les coordonnées seraient $h$ et F($h$); l'intégrale $\int F(h)\,dh$ est représentée par l'aire d'un segment compris entre cette courbe, l'axe des abscisses $h$ et les deux ordonnées qui correspondent aux abscisses limites de l'intégrale. Or, si à trois valeurs équidifférentes de $h$ répondent trois valeurs sensiblement équidifférentes de F($h$), il est clair que l'arc qui joint les trois points déterminés par ces coordonnées s'écarte très peu d'une ligne droite. A plus forte raison peut-on considérer l'arc qui passe par deux points voisins comme se confondant avec sa corde; d'où il suit que l'aire qui est égale à l'intégrale $\int F(h)\,dh$ prise entre les limites voisines $h_m$, $h_{m+1}$, diffère très peu de celle du trapèze dont la mesure est

$$\frac{1}{2}\,[F(h_m) + F(h_{m+1})]\,(h_{m+1} - h_m).$$

(**) Si l'on concevait du doute sur le degré d'approximation du procédé d'intégration que j'indique, je remarquerais que dans les questions qui m'occupent, des calculs exacts à moins d'un centième près suffisent, soit pour l'utilité pratique des résultats, soit pour leur certitude qui gagnerait peu à une intégration plus rigoureuse, puisque les données d'expérience sur lesquelles les formules s'ap-

trouverait à $4620 - 4357$ ou $263^m$ de distance de la profondeur $1^m,70$. Pour la déterminer, on remarquera que les valeurs de $\frac{ds}{dh}$, qui répondent à $h=1,70$ et $h=1,60$, étant 9215 et 8060, dont la différence est 1155, il est certain que pour des valeurs de $h$ décroissant de 0,01 à partir de 1,70 les valeurs de $\frac{ds}{dh}$ décroîtraient à très peu près de $\frac{1155}{10}$ ou 115,5.

Ainsi pour les profondeurs... $h=1,70...1,69...1,68...1,67...$

on aurait................... $\frac{ds}{dh}=9215...9100...8984...8869$;

d'où il suit que les distances partielles entre ces profondeurs seraient (art. 31)...................... $91,5...90,4...89,2$;

ensemble, depuis $h=1,70$ jusqu'à $h=1,67$.................... $271^m,1$.

On en conclura que la profondeur cherchée est un peu plus grande que $1^m,67$ et, à moins d'un millimètre près, égale à $1^m,671$. Ainsi la réponse à la question de l'article 25 est que la hauteur de l'eau au-dessus du radier de l'aqueduc, à son origine du côté du bassin de la Villette, de-

---

puient, présentent souvent d'apparentes anomalies, et doivent être corrigées quelquefois de plusieurs centièmes pour concorder entre elles. Il ne reste donc qu'à savoir si le procédé indiqué conduit à une valeur suffisamment rapprochée de l'intégrale théorique. C'est ce qu'il est facile de reconnaître de la manière suivante :

En examinant plus attentivement que nous ne l'avons fait d'abord, la série des termes de la $11^{me}$ colonne, nous remarquons que si leurs *différences premières* diffèrent entre elles de quantités qu'on puisse craindre de négliger, au moins ces quantités, qui sont les *différences secondes* de la série, ne présentent entre elles que des différences tout-à-fait négligeables; d'où il suit que la courbe dont cette série fournit les ordonnées, en prenant les $h$ pour abscisses, diffère extrêmement peu d'une parabole du second degré dont les ordonnées seraient parallèles à son axe principal. A plus forte raison, peut-on regarder une portion de cette courbe, comprise entre trois points consécutifs, comme se confondant avec la parabole de cette espèce qui passerait par ces mêmes points, et dont l'équation serait de la forme

$$y = A + Bx + Cx^2.$$

Or, on sait que si l'on prend trois ordonnées équidistantes de cette dernière courbe

vrait être de 1<sup>m</sup>,671 ; à quoi il faudrait, pour avoir le niveau du bassin lui-même, ajouter la dépression ou chute nécessaire pour l'immission de l'eau dans l'aqueduc, et dépendante du mode d'introduction. On voit dans le tableau n° 1, que la vitesse correspondante à la profondeur 1<sup>m</sup>,671 serait entre 0<sup>m</sup>,35 et 0<sup>m</sup>,37, et la hauteur due entre 0<sup>m</sup>,0062 et 0<sup>m</sup>,0079 ; d'où il suit que l'addition à faire à la quantité trouvée 1<sup>m</sup>,671, pour avoir le niveau du bassin, serait à peine de 0<sup>m</sup>,01, si la prise d'eau se faisait immédiatement et sans aucun obstacle.

[33.] Il me reste une observation à faire sur le problème dont je viens de m'occuper. J'ai supposé donnée la hauteur de l'eau au-dessus du radier de l'aqueduc à son extrémité du côté de Mouceaux, et je l'ai faite $= 0^m,40$. On pourrait demander si je n'aurais pas pu admettre une moindre hauteur, et ce qui arriverait si l'on supposait qu'à l'embouchure de l'aqueduc, l'eau tombât, comme d'un reversoir, par cascade, dans la bâche de distribution de Mouceaux. Je répondrais que cette supposition extrême n'amènerait elle-même aucun changement sensible aux résultats des calculs précédens, c'est-à-dire à la hauteur de l'eau à l'entrée de l'aqueduc. En effet, la pente de superficie qui a lieu au point où la hauteur est 0<sup>m</sup>,40, et qui est de 1

---

$y_0 \ldots y_1 \ldots y_2$, correspondantes à des abscisses $x_0 \ldots x_1 = x_0 + \Delta \ldots x_2 = x_0 + 2\Delta$, l'intégrale $\int y \, dx$, depuis $x_0$ jusqu'à $x_2$, est

$$\frac{1}{3} \Delta (y_0 + 4 y_1 + y_2).$$

De là résulte un moyen de vérifier les résultats de      12<sup>me</sup> colonne du tableau : prenant le premier nombre 114 de la 11<sup>me</sup> colonne , quatre fois le second 349, et une fois le troisième 655, j'ai 2165 que je divise par 10, attendu que $\Delta = 0,1$, et ensuite par 3. Le résultat 72,16 donne avec une exactitude pour ainsi dire rigoureuse, l'intégrale de F (h) dh entre les limites $h = 0,40$ et $h = 0,60$, c'est-à-dire la distance entre les deux profondeurs 0<sup>m</sup>,40 et 0<sup>m</sup>,60. Or, cette distance 72,16 ne diffère pas d'un mètre de celle qu'a donnée le premier calcul. On pourrait donc s'en tenir à celui-ci ; mais on pourra , si l'on veut, continuer d'appliquer la deuxième méthode au reste de la 11<sup>me</sup> colonne. En portant dans une treizième les résultats de l'intégration par segmens paraboliques, et en les ajoutant, on voit que ce total et celui de la 12<sup>me</sup> colonne ne diffèrent que de 4<sup>m</sup>, différence qui n'apporte aucun changement sensible aux conclusions que nous avons tirées (article 32) de la première approximation.

pour 114 $\left(\text{puisque } \frac{ds}{dh} = 114\right)$ indique assez que cette hauteur 0,40 ne pourrait être qu'à une dixaine de mètres tout au plus de la cascade. Le changement à faire dans nos calculs se réduirait donc à diminuer, au plus, de 10 mètres la distance entre la profondeur $0^m,40$ et l'origine de l'aqueduc, ce qui n'apporterait à la profondeur d'eau extrême, déterminée par le procédé de l'article 32, qu'une diminution de $0^m,0011$, différence tout-à-fait négligeable.

[34.] J'ajoute qu'il ne faudrait pas vouloir se servir des formules proposées dans ce Mémoire, pour des valeurs de $h$ qui donneraient à $\frac{ds}{dh}$ de trop petites valeurs, par exemple, moindres que 10, parce qu'alors le parallélisme approximatif des filets, qui sert de fondement à toute notre théorie, n'aurait peut-être plus lieu suffisamment.

[35.] La question de l'article 25 m'a servi à expliquer, pour un cas très simple, l'usage de la formule du mouvement permanent non uniforme des eaux courantes; mais le résultat auquel je suis parvenu n'est susceptible d'aucune application dans les projets de distribution des eaux de l'Ourcq; car personne n'a eu dessein de porter par l'aqueduc de ceinture 800 litres par seconde jusqu'au regard de Mouceaux, ni d'élever le niveau du bassin de la Villette à près de $1^m,70$ au-dessus du radier de cet aqueduc. Je vais maintenant m'occuper d'un autre problème dont la solution pourrait être d'une utilité plus immédiate.

[36.] Deuxième question. *Les rigoles d'embranchement étant placées ainsi qu'il est dit à l'art. 24, et le volume total fourni par le bassin de la Villette étant toujours de $0^m,80$ cub. par seconde, on suppose que son partage s'opère de la manière suivante :*

*Par la rigole Saint-Laurent*, $\frac{3}{10}$ *du produit de l'aqueduc, ou par seconde*.................................................... $0^m,24$ *cub.*

*Par la rigole des Martyrs*, $\frac{4}{10}$ *idem*.................... $0,32$

*Par le regard de Mouceaux*, $\frac{3}{10}$ *idem*.............. $0,24$

*De sorte que l'aqueduc de ceinture devrait dépenser, par seconde, sur 905ᵐ de longueur, depuis son origine jusqu'à la rigole Saint-Laurent.* . . . . . . . . . . . . . . . . . . . . . . . . . . . . . . . . . . . . . . . . . . . . . . . . . . . . . . . . 0ᵐ,80 *cub.*

*Sur 1592ᵐ de longueur, ensuite jusqu'à la rigole des Martyrs.* . . . . . . . . . . . . . . . . . . . . . . . . . . . . . . . . . . . . . . . . . . . . . . . . . . . . . . . 0, 56

*Sur 1860ᵐ de longueur, ensuite jusqu'au regard de Mouceaux.* . . . . . . . . . . . . . . . . . . . . . . . . . . . . . . . . . . . . . . . . . . . . . . . . . . . . . . . . . . . . . . 0, 24.

*On suppose, de plus, qu'à l'origine de l'aqueduc, du côté de la Villette, la surface du courant se tienne à 1ᵐ,40 au-dessus du radier, et l'on demande quelles pentes s'établiront dans les trois parties ci-dessus indiquées de l'aqueduc de ceinture, par suite de la permanence du régime.*

[37.] Pour la première division, qui doit sur 905ᵐ de longueur, dépenser 0ᵐ,80 comme dans la question précédente, on se servira de la partie du tableau n° 1 qui se rapporte aux valeurs de $h$ : 1,40; 1,30; 1,20. On verra par les colonnes 12° et 13°, que la distance qui séparerait les deux profondeurs 1ᵐ,40 et 1ᵐ,20, serait de 1000ᵐ, savoir, 545 entre 1ᵐ,40 et 1ᵐ,30, et 455 entre 1ᵐ,30 et 1ᵐ,20. La valeur de $h$ à l'extrémité de la longueur de 905ᵐ est donc celle qui, intercalée dans le tableau n° 1, se trouverait à 95ᵐ de distance de la profondeur 1ᵐ,20 en allant vers la profondeur 1ᵐ,30. Pour la déterminer, on remarquera que les valeurs de $\frac{ds}{dh}$ qui répondent à $h = 1ᵐ,20$ et $h = 1ᵐ,30$, étant 4133 et 4985, dont la différence est 852, il est certain que pour des valeurs de $h$ croissant d'un centimètre entre ces deux termes, les valeurs de $\frac{ds}{dh}$ croîtraient à très peu près de $\frac{852}{10}$ ou 85.

Ainsi pour les profondeurs..    $h = 1,20$... $1,21$... $1,22$... $1,23$,
on aurait.. . . . . . . . . . . . . . .    $\frac{ds}{dh} = 4133$... $4218$... $4303$... $4388$;
d'où il suit que les distances
entre ces profondeurs seraient,
(article 31). . . . . . . . . . . . . . . . . . . .    $41,7$... $42,6$... $43,4$.

On en conclura que la profondeur cherchée à l'origine de la rigole Saint-Laurent, est entre 1ᵐ,22 et 1ᵐ,23, et, à un millimètre près, égale à 1ᵐ,222. Ainsi, la pente totale de la surface du courant dans la première partie de l'aqueduc sera 1ᵐ,40 — 1ᵐ,222 = 0ᵐ,178.

[38.] Passant à la deuxième partie, qui doit dépenser $0^m,56$, on fera, dans la formule de l'article 33,

$$\nu = \frac{0,56}{a} = \frac{17,92}{32a},$$

et l'on calculera les valeurs de $\frac{ds}{dh}$ pour des valeurs successives de $h$, descendant depuis $h = 1,222$, qui est la dernière profondeur de la première partie; ou plutôt il sera suffisant et plus commode de commencer par $h = 1,20$, et l'on verra, en calculant seulement les trois lignes du tableau n° 2, ci-joint, que l'intervalle entre les deux profondeurs 1,20 et 1,00 serait de $1326^m$. Pour avoir la distance des ordonnées 1,222 et 1,20, on fera un calcul analogue à celui de l'article précédent, en observant qu'il résulte du tableau n° 2, que, aux environs de la profondeur 1,20, la quantité $\frac{ds}{dh}$ varie de $\frac{1}{10}(8111 - 6615)$ ou 150, quand $h$ varie de 0,01.

Ainsi pour les profondeurs... $h = 1,20...: 1,21... 1,22... 1,23$,

on aura.................... $\frac{ds}{dh} = 8111... 8261... 8411... 8561;$

d'où résultent les distances par-

tielles........................ $81,8... 83,3... 84,8;$

et entre les profondeurs 1,20 et

1,222, la distance........... $81,8 + 83,3 + \frac{2}{10}84,8 = 182^m.$

La distance depuis la profondeur 1,222, située à l'origine de la seconde partie, jusqu'à la profondeur 1,00 sera donc $182 + 1326 = 1508$. Il restera donc depuis la profondeur 1,00 jusqu'à la fin de la 2° partie de l'aqueduc une distance de $1592 - 1508 = 84^m$. On déterminera la profondeur qui doit se trouver à l'extrémité de cette distance par le procédé de l'art. précédent.

Pour les profondeurs $h$ variant de $0,01.... 1,00... 0,99... 0,98$,

on aura $\frac{ds}{dh}$ variant de $\frac{1}{10}(6615 - 5284) = 133 : 5284... 5151... 5018;$

d'où résultent les distances partielles........ $52,1.... 50,8.$

On en conclut qu'à $84^m$ à l'aval de la profondeur 1,00, c'est-à-dire à l'extrémité inférieure de la 2° partie de l'aqueduc, la profondeur sera de $0^m,984$. Ainsi, la pente totale de la superficie de l'eau dans cette partie, sera $1^m,222 - 0^m,984 = 0^m,238$.

[39.] On opérera de même pour la troisième division dont la dépense doit être $0,24$. On fera donc, dans la formule de l'article 33,

$$\nu = \frac{0,24}{u} = \frac{7,68}{32u},$$

et l'on calculera le tableau n° 3 en partant de $h = 1,00$ qui est à $0,017$ près, la profondeur à l'origine de la 3° partie. On observera seulement que les vitesses du courant se trouvant très faibles, à cause de la petitesse de la dépense, il conviendra de faire varier les valeurs de $h$ de $0,05$ en $0,05$. Les trois lignes du tableau n° 3 suffiront pour dépasser la longueur donnée, $1860^m$, de la 3° partie de l'aqueduc. La profondeur au point de départ étant $0,984$ au lieu de $1,00$ qu'indique le tableau, on calculera, par le procédé détaillé dans les deux articles précédens, la distance à retrancher en amont des $2212^m$ de la $13^{me}$ colonne, et on la trouvera $= 389$. Reste depuis la profondeur $0,984$ jusqu'à $0,90$, la distance $2212 - 389 = 1823$ ; et par conséquent la distance depuis la profondeur $0,90$ jusqu'à la fin de l'aqueduc sera $1860 - 1823 = 37$. On calculera enfin qu'à $37^m$ à l'aval de $h = 0,90$, c'est-à-dire à l'extrémité de l'aqueduc, la profondeur sera $0,898$. Ainsi la pente totale de la superficie du courant dans cette 3° partie sera

$$0^m,984 - 0^m,898 = 0^m,086.$$

[40.] Voici le résumé de nos calculs sur la question de l'article 36 :

| | Profondeurs d'eau. | Pentes par partie. | Longueur des parties. | Dépense de chaque partie. |
|---|---|---|---|---|
| | m. cub. | | | |
| Origine de l'aqueduc de ceinture fournissant en 1.................. | $0,80$ | $1^m,400$ | | |
| Origine de la rigole Saint-Laurent, dépensant........................ | $0,24$ | $1,\ 222$ | $0^m,178$ | $905^m$ | $0^m,80$ |
| Origine de la rigole des Martyrs, dépensant........................ | $0,32$ | $0,\ 984$ | $0,\ 238$ | $1592$ | $0,\ 56$ |
| Extrémité de l'aqueduc, dépensant... | $0,24$ | $0,\ 898$ | $0,\ 086$ | $1860$ | $0,\ 24$ |
| Pente et longueur totales......... | | | $0^m,502$ | $4357^m$ | |

[41.] On observera peut-être que j'ai supposé, sans preuve, en passant d'une division à la suivante, 1°. que la première tranche fluide de celle-ci aurait la même hauteur que la dernière tranche de la division précédente, quoiqu'elles aient des vitesses très différentes; 2°. que les prises d'eau opérées par les rigoles d'embranchement ne troubleraient pas le mouvement par tranches et par filets sensiblement parallèles. Cela ne serait sans doute pas admissible s'il s'agissait de grandes vitesses, car assurément dans ce dernier cas, il y aurait à la surface du courant, immédiatement après chaque érogation, une contre-pente sensible, due à une diminution considérable et brusque de vitesse. Mais je crois qu'on ne refusera pas d'admettre ma double hypothèse dans le cas que j'ai considéré, en observant que l'erreur qu'elle entraîne est certainement fort petite.

[42.] Voyons maintenant l'application qu'on peut faire de la formule de l'article 19 à la recherche de la forme des gonflemens ( assez improprement appelés remous par Dubuat ) qui se produisent dans un cours d'eau, lorsque, par une cause quelconque, l'eau y est tenue quelque part à une hauteur plus grande que celle du régime uniforme.

Dans ce cas, le polynome $\frac{\chi}{\omega}(av + bv^2) - i$ sera négatif d'après ce qui a été dit à l'article 20. Il conviendra donc de mettre l'expression de $ds$ sous la forme

$$ ds = \frac{\omega\sqrt{1 - i^2} - \frac{v^2}{2g}.2x}{i\omega - \chi(av + bv^2)}.dh , $$

et l'on procédera pour son intégration comme on l'a vu dans les deux questions précédentes.

[43.] Supposons que le profil transversal du lit présente, dans sa partie la plus basse, une ligne courbe ou brisée ABC, supposée toujours couverte d'eau, et se terminant à deux points A, C, situés sur une même ligne horizontale, au-

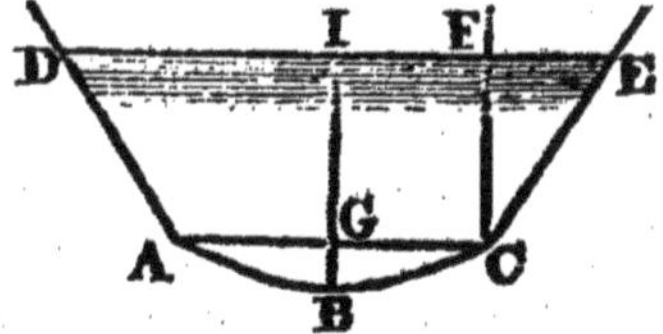


dessus de laquelle s'élèvent sous une inclinaison égale, les deux côtés droits AD, CE que l'eau baigne à une hauteur plus ou moins grande.

Soient

la longueur de la droite AC........................................ $= \lambda$,
la longueur rectifiée du contour ABC...................... $= l$,
l'aire comprise entre l'horizontale AC et le contour ABC...... $= \Omega$,
la distance BG du point le plus bas du lit à la ligne AC........ $= k$,
la tangente de l'angle ECF du côté CE avec la verticale........ $= n$,

Toutes ces quantités sont supposées connues ainsi que la pente du fond $i$, et la dépense Q du cours d'eau.

En désignant toujours par $x$ la longueur variable DE, et par $h$ la profondeur aussi variable BI, on aura

$$x = \lambda + 2n(h - k),$$
$$\chi = l + 2(h - k)\sqrt{1 + n^2},$$
$$\omega = \Omega + (h - k)[\lambda + n(h - k)];$$

et par conséquent, il sera facile de faire dans l'expression de $ds$ les substitutions successives d'une série de valeurs de $h$, à partir de $h$, donnée.

[44.] Prenons pour exemple une rivière qui présente les données suivantes, le mètre étant pris pour une unité linéaire :

$$\lambda = 70, \quad l = 70,07, \quad \Omega = 60, \quad k = 1,20, \quad n = 2.$$

Supposons de plus que la dépense par seconde soit de 40 mètres cubes, et que la pente du lit soit de $0^m,115$ pour 1000 mètres. On aura donc $\dfrac{i}{\sqrt{1 - i^2}} = 0,000115$, d'où il s'ensuit que $i^2$ est une quantité négligeable auprès de 1, et qu'on peut sans erreur sensible faire

$$i = 0,000115.$$

L'équation de l'article 42 devient donc celle-ci :

$$ds = \frac{\omega - \dfrac{v^2}{2g} \cdot 2x}{i\omega - \chi(av + bv^2)} \cdot dh,$$

dans laquelle il faut faire

$$x = 70 + 4\,(h - k),$$
$$\chi = 70,07 + 2\sqrt{5}\,(h - k),$$
$$\omega = 60 + (h - k)\,[70 + 2\,(h - k)],$$
$$v = \frac{40}{\omega}.$$

Si l'on substitue pour $\chi$, $\omega$ et $v$ leurs valeurs en $h - k$ dans l'équation du mouvement uniforme (article 20), on trouvera, après un petit nombre de tâtonnemens, que cette équation est satisfaite approximativement par $h - k = 0,20$, c'est-à-dire que la hauteur du régime uniforme H est égale à $k + 0,20$, ou $1,40$.

Cela posé, proposons-nous le problème suivant :

TROISIÈME QUESTION. *Supposant qu'un barrage établi sur la rivière dont nous venons de parler en exhausse la surface, prise à quelques mètres de distance en amont, de $1^m,50$ au dessus du plan du régime uniforme, de sorte qu'en cet endroit on ait $h = 1,40 + 1,50$ ou $h - k = 1,70$ ; on demande la forme de la surface de l'eau jusqu'à l'endroit où l'influence du barrage est réduite à un gonflement de $0^m,60$, ce qui donne en cet endroit*

$$h = 1,40 + 0,60 = 2,00 \quad ou \quad h - k = 0,80.$$

[45.] On dressera le tableau n° 4 joint à ce mémoire, dont la composition ne diffère de celle du tableau n° 1, qu'en ce que la quantité $i$ n'est plus nulle, et que dans la première colonne j'ai porté, au lieu des valeurs de $h$, celles de $h - k$, parce que ce binome entre dans l'expression des quantités $\omega$, $x$ et $\chi$. La $13^{me}$ colonne donne les valeurs de $\frac{ds}{dh}$ correspondantes à celles de $h - k$. En prenant la moyenne arithmétique de deux valeurs consécutives, et la multipliant par la différence des deux profondeurs correspondantes, laquelle est ici $0,1$, on a, avec une approximation suffisante, la distance qui sépare ces deux profondeurs, et l'on peut construire par points le *profil en long* de la surface de l'eau. En résumé, on trouve que la distance entre les deux limites énoncées dans la question est de $9245^m$, distance sur laquelle la pente totale du fond du lit est de $9245 \times 0,000115 = 1^m,063$ ; d'où l'on conclut qu'entre ces mêmes limites la pente de la surface de l'eau, par rapport à l'horizon, est en tout de $0^m,163$, ou moyennement de $0^m,0176$ pour mille mètres.

On peut remarquer encore qu'en divisant l'unité par un nombre de la $13^e$ colonne, on aura la valeur de $\frac{dh}{ds}$ au point correspondant de la ligne d'eau. Or, $\frac{dh}{ds}$ est la tangente trigonométrique de l'angle formé par cette ligne avec le fond du canal ; d'où il s'ensuit (attendu la petitesse de cet angle et de celui du fond avec l'horizon) qu'en prenant la différence $i - \frac{dh}{ds}$, on obtiendra la pente de la ligne d'eau, au point dont il s'agit, relativement à l'horizon. Ainsi, au point où la profondeur $h$ est $k + 1,70$ ou $2^m,90$, la pente est

$$0,000115 - \frac{1}{9549} \quad \text{ou} \quad 0,000009,$$

et au point où la profondeur $h$ est $k + 0,80$ ou $2^m,00$, elle est

$$0,000115 - \frac{1}{11945} \quad \text{ou} \quad 0,000031.$$

[46.] Si l'on voulait continuer les calculs du tableau n° 4 pour déterminer l'influence du barrage à une plus grande distance en amont, il conviendrait, pour plus d'exactitude, de prendre les valeurs successives de $h - k$, au-dessous de 0,80, plus rapprochées que de décimètre en décimètre, et d'autant moins différentes entre elles qu'elles s'approcheraient davantage de 0,20, valeur de $k - k$ correspondante au régime uniforme. En observant l'accroissement très rapide de la fonction $\frac{ds}{dh}$ pour des valeurs de $h - k$ voisines de ░░░░, on reconnaîtrait que l'intégrale $\int ds$ prise jusqu'à la limite $h = k + 0,20$ est infinie, de sorte qu'à quelque distance qu'on remonte, en amont du barrage, on ne trouvera jamais un point où cesse son influence, bien que celle-ci aille toujours en diminuant.

Ce résultat d'analyse peut être démontré *à priori*. En effet, l'expression de $ds$, de l'article 42, peut être écrite sous la forme ci-après, en mettant pour $v$ sa valeur $\frac{Q}{\omega}$,

$$ds = \left\{ \frac{\sqrt{1-i^2}}{i} - \frac{\dfrac{Q'x}{\xi} \cdot - \chi\,(a Q\omega + b Q')}{i\omega^3 - \chi\,(a Q\omega + b Q')} \right\} dh.$$

En substituant dans cette équation, à $x$, $\chi$ et $\omega$, leurs valeurs indiquées à l'article 43, on voit que la quantité qui multiplie $dh$ se compose de la constante $\dfrac{\sqrt{1-i^2}}{i}$ et d'une fraction rationnelle dont le numérateur est du second degré en $h$, et le dénominateur du 6ᵉ degré, ce dernier devenant nul quand $h$ devient H. Donc, d'après la théorie de l'intégration des fractions rationnelles, l'intégrale indéfinie de $ds$ aurait un terme de la forme N log $(h - H)$, qui devient infini quand à la limite on fait $h = H$.

[47.] On voit donc que l'adoption de l'hypothèse du mouvement de l'eau par tranches parallèles, dans un canal prismatique, conduit à cette conséquence que si en un point d'un courant permanent la profondeur d'eau est différente de celle du régime uniforme, ce régime n'aura lieu, à la rigueur, en aucun endroit du même courant ; de sorte qu'il n'y a pas rigoureusement de raccordement possible, par une surface continue, entre une partie où la surface du courant serait plane et parallèle au fond, et une partie où cela n'aurait pas lieu. Si l'observation des cours d'eau semble contredire ce résultat, en prouvant, par exemple, que l'influence d'un gonflement produit par un barrage ne se fait sentir en amont que sur une certaine distance, au-delà de laquelle le régime semble uniforme, cela tient sans doute à ce que cette influence finit par devenir peu appréciable sans être absolument nulle. C'est ainsi qu'une branche d'hyperbole paraîtrait, si elle était suffisamment prolongée, finir par se confondre avec son asymptote.

[48.] Les calculs du tableau n° 4 donnent certainement l'intégrale de la formule de l'article 43, à un ou deux millièmes près. Mais il arrive rarement qu'un tel degré d'exactitude soit nécessaire, et il est très suffisant, dans les questions ordinaires de pratique, d'arriver au résultat à un ou deux centièmes près. D'après cette observation, nous aurions pu simplifier beaucoup les calculs du tableau n° 4. En effet, le numérateur de la fonction $\frac{ds}{dh}$ est la différence de deux termes, dont l'un, $\omega$, prend les valeurs portées dans la 2<sup>me</sup> colonne, et l'autre, $\frac{v^2}{2g}.2x$, prend celles qui se trouvent dans la 6<sup>me</sup>. Or, dans toute l'étendue du tableau, cette seconde quantité n'équivaut pas à un centième de la première. On peut donc, sans altérer le résultat de plus d'un centième de sa valeur, négliger $\frac{v^2}{2g}.2x$, et par conséquent s'épargner la peine de calculer les colonnes 4, 5, 6 et 7 du tableau n° 4, le numérateur de $\frac{ds}{dh}$ se réduisant à $\omega$. Il est presque superflu d'ajouter que cette simplification ne peut être faite dans tous les cas, et qu'avant de l'adopter on doit s'assurer que, dans toute l'étendue des calculs qu'on se propose de faire, la quantité $\frac{v^2}{2g}.2x$ sera assez petite par rapport à $\omega$, pour être supprimée sans erreur trop considérable. Ainsi, par exemple, il est aisé de voir qu'on se serait écarté sensiblement de l'exactitude, si l'on avait négligé le terme où entre $\frac{v^2}{2g}$ au numérateur de $ds$, dans les calculs du tableau n° 1, surtout aux premières lignes.

[49.] Dans l'usage que le lecteur pourra vouloir faire de la méthode exposée dans ce mémoire, à partir de l'article 18, il importe de ne pas oublier qu'elle ne s'applique avec une certaine rigueur qu'aux cours d'eau dont le lit offre une pente de fond uniforme, un profil constant et un axe rectiligne. Lorsqu'on aura à s'occuper d'une rivière qui, n'ayant que des sinuosités peu sensibles dans son cours, ne présentera point de variations trop brusques dans sa pente de fond, ni dans son profil, on pourra partager sa longueur en parties plus ou moins étendues, dans chacune desquelles les conditions de l'analyse seront approximativement remplies; et en procédant de proche en proche à partir du point où la profondeur d'eau sera connue, on déterminera avec une exactitude suffisante la position de la surface du courant dans chaque partie. Mais si la rivière a des sinuosités prononcées, la théorie précédente cesse d'être applicable, parce que l'hypothèse du mouvement par tranches parallèles devient inadmissible. On sait bien que ces sinuosités donnent lieu à un accroissement de pente à la surface de l'eau; mais la théorie de ce phénomène n'a pas encore été, que je sache, bien approfondie, et il serait fort à désirer que des expériences précises fussent entreprises pour en déterminer les lois. En attendant, ce sera aux ingénieurs à s'appuyer des observations qui leur seront propres, pour apprécier avec quelque exactitude, l'influence des coudes des rivières auxquelles ils voudront faire l'application de la méthode précédemment exposée.

[50.] Il me reste à parler d'un cas peu ordinaire qui peut se rencontrer lorsqu'on recherche, comme je viens de le faire, l'effet d'un barrage dans un courant. On voit par le tableau n° 4, qu'à mesure que la variable $h$ diminue, le numérateur et le dénominateur de la fonction $\frac{ds}{dh}$ diminuent aussi, mais cependant le premier moins rapidement que le second, de manière que quand le dénominateur devient nul par $h = k + 0{,}20$, le numérateur est encore positif, et à peu près égal à 72; d'où il suit que tant qu'on fera $h < k + 0{,}20$, on trouvera pour $\frac{ds}{dh}$ une valeur finie et positive. Mais les données du problème peuvent être telles, qu'il arrive que le numérateur devienne nul avant le dénominateur, ce qui donnerait $\frac{ds}{dh} = 0$ ou $\frac{dh}{ds} = \infty$; or, ce résultat, qui signifie que la surface de l'eau serait perpendiculaire au fond, est absurde dans l'hypothèse du mouvement par tranches perpendiculaires à ce fond. On peut en conclure que le courant doit présenter, dans ce cas, quelque phénomène incompatible avec cette hypothèse, et c'est en effet ce que l'expérience a confirmé.

[51.] M. Bidone, membre de l'Académie des Sciences de Turin, dans un mémoire imprimé parmi ceux de cette académie (tom. 25, année 1820), a publié des expériences très curieuses, qui se rapportent à la circonstance particulière dont il s'agit ici.

Elles ont été faites dans des canaux en maçonnerie dont les parois latérales sont verticales et parallèles. Je citerai ici l'expérience n° 2 de la 2ᵉ série, en réduisant les quantités en mesures métriques.

Le fond du canal était plat, et la distance de ses parois verticales était $0^m{,}325$; donc, il faut faire, dans les formules des articles 43 et 44,

$$\lambda = l = 0{,}325 \quad \text{et} \quad \Omega = 0, \quad k = 0, \quad n = 0.$$

La déclivité du fond n'était pas constante: mesurée sur environ

( 30 )

4 mètres en amont du barrage, elle était moyennement de $0^m,023$ par mètre, et dans les parties supérieures, elle était plus forte encore. Mon dessein étant d'étudier la forme du courant dans le voisinage du barrage, je ferai

$$i = 0,023.$$

La dépense constante du courant, par seconde, était à peu près de

$$Q = 0,0351.$$

Enfin, la profondeur d'eau prise à $1^m$ en amont du barrage, était de $0^m,28$; je prendrai donc 0,28 pour la plus grande valeur de la variable $h$ dans l'intégrale $\int ds$.

[52.] Dans les cas, tels que celui-ci, où $n = 0$ et $\Omega = 0$, la formule de l'article 43 se simplifie; en y substituant $x = l$, $\omega = lh$ et $\chi = l + 2h$, puis divisant haut et bas par $l$, on obtient l'équation

$$ds = \frac{h\sqrt{1 - i^2} - \frac{v^2}{g}}{ih - \left(1 + \frac{2h}{l}\right)(av + bv^2)}\,dh,$$

dans laquelle il faut faire $v = \frac{Q}{lh}$.

[53.] Pour l'exemple particulier dont nous avons à nous occuper, on a

$$\sqrt{1 - i^2} = 0,9997,$$

qu'on peut sans erreur sensible remplacer par 1, ce qui donne

$$ds = \frac{h - \frac{v^2}{g}}{ih - \left(1 + \frac{2h}{l}\right)(av + bv^2)}\,dh.$$

[54.] On intégrera cette expression de $ds$ par la méthode précédemment détaillée, en dressant le tableau n° 5 ci-joint, qui présente dans la première colonne des valeurs successives de la profondeur, de centimètre en centimètre, à partir de la plus grande 0,28, indiquée près du barrage. Par les distances inscrites dans la 11° colonne, et qui vont en décroissant, on voit que la surface de l'eau est d'abord légèrement convexe, ainsi que l'a reconnu M. Bidone. Mais cette convexité va continuellement en augmentant, de telle sorte que, si la formule de l'art. 53 ne cessait pas d'être applicable, on trouverait qu'en un point où l'ordonnée $h$ serait de $0^m,10$ à $0^m,11$, et dont la distance au point de départ serait d'environ $6^m$, la tangente à la courbe serait perpendiculaire au fond du canal, après quoi cette courbe présenterait une branche inférieure retournant vers le barrage à la manière d'une parabole. Il est clair, comme je l'ai dit ( art. 50), que cela est incompatible avec les conditions physiques du problème auquel s'applique l'équation de l'art. 53, et l'absurdité de la solution que fournit cette formule annonce que l'hypothèse principale sur laquelle elle est fondée, l'hypothèse du mouvement par tranches et par filets sensiblement parallèles, n'est pas admissible dans toute l'étendue du courant dont il s'agit maintenant.

[55.] Et en effet, voici ce que M. Bidone a constaté. Dans la partie d'amont de son canal d'expérience, l'eau coulait à peu près parallèlement au fond sur une épaisseur de $0^m,064$ et avec une vitesse de $1^m,69$, jusqu'à un point situé à $4^m,50$ en amont du barrage; là, tout à coup la surface du courant présentait un ressaut brusque qui la relevait de $0^m,125$, de sorte que la profondeur d'eau passait sur une très courte distance de $0^m,064$ à $0^m,189$; après quoi l'eau poursuivait son cours sous une surface continue légèrement convexe jusqu'au barrage en déversoir par-dessus lequel le produit constant s'échappait.

[ 56.] Un fait qui me semble digne de remarque, c'est que la formule de l'art. 53 s'applique avec une exactitude très satisfaisante aux circonstances du courant, depuis le ressaut exclusivement, jusque près du barrage. En effet, il résulte du tableau n° 5 que la distance entre la profondeur $0,28$ et celle de $0^m,189$, était de $3^m,64$; or, suivant l'expérience, cette distance était de $3^m,50$, puisque la profondeur $0^m,28$ avait lieu à $1^m$ en amont du barrage, et le ressaut à $4^m,50$.

[57.] L'équation de l'art. 53 n'ayant plus lieu à l'endroit du ressaut, est nécessairement insuffisante pour en faire connaître la hauteur. Par conséquent, à moins de laisser incomplète, dans certains cas, la détermination de l'influence des barrages, il est indispensable de rechercher une autre formule dont l'objet spécial soit la *hauteur du ressaut* lorsqu'il a lieu.

Pour parvenir à ce but, je me sers du théorème de Mécanique connu sous le nom d'*équation des forces vives* (*), et que voici tel qu'il est énoncé par M. Navier dans ses Notes sur l'Architecture hydraulique de Bélidor, page 112 : *La somme des forces vives acquises par les divers points matériels d'un système pendant un certain temps, est numériquement égale au double de la somme des quantités d'action que les forces agissant sur ces points ont imprimées pendant le même temps.*

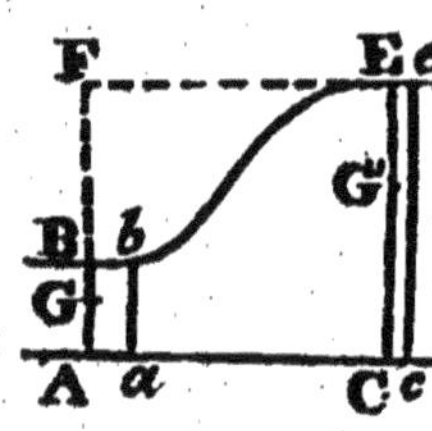

Représentons ici la coupe longitudinale du courant aux environs du ressaut, et considérons, à un certain moment, la portion comprise entre les deux plans projetés en AB et CE perpendiculaires au fond AC, l'un en amont, l'autre en aval du ressaut et à des distances qui, quoique très petites, soient telles que le mouvement par filets parallèles puisse être supposé y régner.

J'appelle

$\xi$ la hauteur du ressaut BF, mesurant la distance du point B à la ligne horizontale EF,

$h$ la profondeur AB en amont du ressaut,

$v$ la vitesse de l'eau en cet endroit,

$\omega$ la section du courant dans le plan AB,

$z$ la distance BG du centre de gravité de cette section, à la surface de l'eau,

$h'$, $v'$, $\omega'$ et $z'$ les quantités analogues dans la section CE.

---

(*) M. de Coriolis, ingénieur des Ponts et Chaussées et répétiteur à l'École Polytechnique, a composé en 1819 un Traité spécial, où il a exposé, avec lucidité et profondeur, l'application du théorème général des forces vives au calcul des machines et des phénomènes mécaniques qui résultent de la rencontre des corps. L'étude de son manuscrit, à laquelle j'ai été engagé par l'importance du sujet et par l'amitié qui me lie à l'auteur, m'a procuré l'acquisition d'idées plus nettes sur cette matière. Ainsi, quoique M. de Coriolis ne se soit pas occupé jusqu'à présent de la question particulière que je traite ici, je lui suis en partie redevable de la solution que j'en présente. Je l'aurais vainement cherchée dans les notions admises sur le prétendu choc instantané des corps solides ou liquides.

Après un temps très court $dt$, à partir du moment ci-dessus fixé, les molécules fluides qui étaient en AB seront en $ab$, celles de CE en $ce$, et l'on aura

$$Aa = vdt, \quad Cc = v'dt.$$

Calculons maintenant les diverses quantités énoncées dans le théorème général des forces vives.

La somme des forces vives *acquises* par les divers points matériels du système pendant le temps $dt$, est évidemment égale à celle des points qui occupent l'espace CE$ce$, moins celle des points qui se trouvaient dans l'espace AB$ba$. La masse de ces deux systèmes de points est la même et égale à $\omega vdt$, la densité de l'eau étant prise pour unité. La somme des forces vives acquises est donc

$$(v'^2 - v^2)\,\omega vdt.$$

La tranche d'amont en passant de AB en $ab$ a été constamment pressée dans le sens du mouvement par des forces dont la somme est représentée par $\omega gz \cos \gamma$, ainsi qu'il est facile de le reconnaître par ce que nous avons vu à l'article 14, en observant que, pour plus de simplicité, nous négligeons la pression atmosphérique qui n'a aucune influence dans cette circonstance. Multipliant cette somme de forces par l'espace commun $vdt$ qu'ont parcouru tous leurs points d'application, nous avons la quantité d'action relative à ces forces

$$\omega vgz \cos \gamma\,.dt.$$

La tranche d'aval a également été pressée par des forces constantes, mais agissant en sens contraire du mouvement, ce qui donne lieu à une quantité d'action négative qu'on trouvera de même exprimée par

$$- \omega'v'gz' \cos \gamma dt,$$

ou, attendu qu'on a $\omega v = \omega'v'$, par

$$- \omega vgz' \cos \gamma dt.$$

En troisième lieu, la pesanteur a agi sur toutes les molécules comprises au premier instant entre les limites AB, CE, et au dernier instant entre $ab$ et $ce$. Or, suivant une règle que ce n'est pas ici le lieu de démontrer, et dont on apercevra avec un peu de réflexion l'exactitude, pour avoir égard à la quantité d'action due à cette cause, on peut faire abstraction de la partie $ab$CE commune aux deux positions du système, en ne considérant que le poids des parties non communes AB$ba$, CE$ec$, et la différence de hauteur de leurs centres de gravité. Ce poids est $g\omega v dt$, et le centre de gravité de la seconde masse est évidemment élevé au-dessus de celui de la première, de

$$\xi + z \cos \gamma - z' \cos \gamma.$$

La quantité d'action due à la pesanteur est donc négative et exprimée par

$$- \omega v g dt \,[\xi + (z - z') \cos \gamma].$$

Quatrièmement enfin, les molécules fluides ont, dans leur déplacement, éprouvé des frottemens qu'il faudrait à la rigueur faire entrer dans les forces résistantes, mais qu'on peut ici négliger sans grande erreur.

La somme de toutes les quantités d'action à considérer est donc composée des trois expressions que nous venons d'obtenir, ou, en réduisant, égale à

$$- \omega v g dt.\xi.$$

Égalant, suivant le théorème cité, le double de cette quantité à la somme des forces vives trouvées plus haut, puis supprimant le facteur commun $\omega v dt$, on trouve la relation très simple

$$\xi = \frac{v^2}{2g} - \frac{v'^2}{2g},$$

qu'on peut traduire en disant que *la hauteur du ressaut est égale à la différence des hauteurs dues aux vitesses du courant en amont et en aval de ce ressaut.*

[53.] Au moyen de cette équation, toutes les fois que le profil en travers du lit et la dépense du courant seront connus, on pourra déterminer la hauteur du ressaut $\xi$, la hauteur $h$ en amont de ce ressaut étant supposée donnée, pourvu que la pente du lit soit faible, comme elle l'est toujours dans les cas d'application que comportent nos recherches.

En effet, $v$ sera connue par $h$, et $v'$ sera une fonction connue de $h'$; la dernière équation sera donc aisément ramenée à ne contenir d'autres inconnues que $\xi$ et $h'$. De plus, dans l'hypothèse d'une faible pente, on pourra, comme nous l'avons fait dans les questions précédentes, remplacer cos $\gamma$ par l'unité, et négliger la différence de niveau des points A et C, d'où l'on conclura évidemment

$$\xi = h' - h,$$

deuxième relation entre les deux inconnues $h'$ et $\xi$.

Par exemple, si le canal est de la forme que nous avons indiquée à l'article 47, en mettant pour $v'$ sa valeur $\dfrac{Q}{\omega'}$, et pour $\omega'$, son expression du second degré en $h'$, puis en éliminant à volonté, soit $\xi$, soit $h'$, on aura une équation renfermant l'une seulement de ces deux inconnues, au 5$^e$ degré.

[59.] Dans le cas particulier où le canal est rectangulaire, comme le suppose la formule de l'article 53, on a

$$v'h' = vh; \quad \text{d'où} \quad v'^2 = \frac{h^2}{h'^2}v^2, \quad \text{ou bien} \quad v'^2 = \frac{h^2}{(\xi + h)^2}\cdot v^2;$$

ce qui, substitué dans la dernière équation de l'article 57, amène

$$\xi = \frac{v^2}{2g}\left[1 - \frac{h^2}{(\xi + h)^2}\right].$$

[60.] Les deux membres de cette équation étant multipliés par $\dfrac{(\xi + h)^2}{\xi}$, elle devient du 2$^e$ degré en $\xi$, et donne

$$\xi = \frac{\epsilon}{2} - h + \sqrt{\epsilon\left(\frac{\epsilon}{4} + h\right)},$$

en faisant, pour abréger, $\epsilon = \dfrac{v^2}{2g}$.

[61.] Le tableau suivant montre l'accord remarquable de cette formule avec les résultats des expériences de M. Bidone.

| Séries d'expériences. | N^os. | A. | v0. | $s = \dfrac{v^2}{2g}$ | Valeurs de ξ donn. par | | Rapport des deux valeurs de ξ. |
| --- | --- | --- | --- | --- | --- | --- | --- |
| | | | | | la formule de l'article 59. | les expérien. de M. Bidone. | |
| 1^re. | 1 | 0^m,0570 | 1^m,2607 | 0^m,0955 | 0^m,0818 | 0^m,0814 | 1,005 |
| | 2 | 0,0572 | 1,3552 | 0,0936 | 0,0809 | 0,0859 | 0,942 |
| | 3 | 0,0574 | 1,3445 | 0,0921 | 0,0792 | 0,0836 | 0,948 |
| | 4 | 0,0565 | 1,3772 | 0,0966 | 0,0845 | 0,0865 | 0,978 |
| 2^e. | 1 | 0,0635 | 1,7031 | 0,1578 | 0,1312 | 0,1233 | 1,065 |
| | 2 | 0,0639 | 1,6930 | 0,1461 | 0,1303 | 0,1250 | 1,052 |
| | 3 | 0,0643 | 1,6832 | 0,1444 | 0,1281 | 0,1278 | 1,002 |
| | 4 | 0,0646 | 1,6733 | 0,1428 | 0,1265 | 0,1311 | 0,965 |
| | 5 | 0,0626 | 1,7286 | 0,1523 | 0,1373 | 0,1356 | 1,020 |
| 3^e. | 1 | 0,0750 | 1,9170 | 0,1872 | 0,1696 | 0,1502 | 1,129 |
| | 2 | 0,0743 | 1,9363 | 0,1910 | 0,1739 | 0,1557 | 1,117 |
| | 3 | 0,0738 | 1,9562 | 0,1930 | 0,1762 | 0,1592 | 1,107 |
| 4^e. | 1 | 0,0557 | 1,3876 | 0,0981 | 0,0863 | 0,0756 | 1,151 |
| | 2 | 0,0555 | 1,3934 | 0,0989 | 0,0873 | 0,0782 | 0,116 |
| | 3 | 0,0555 | 1,3934 | 0,0989 | 0,0873 | 0,0848 | 1,029 |
| | 4 | 0,0553 | 1,3995 | 0,0998 | 0,0923 | 0,0836 | 1,105 |
| Rapport moyen. . . . . . . . . . . . . . . . . | | | | | | | 1,055 |

[62] La nature de la question à laquelle se rapporte la formule de l'article 60 veut que la valeur de ξ soit positive. Or, on reconnaîtra aisément que le second membre de cette formule est nul pour $h = 2\varepsilon$, positif pour $h < 2\varepsilon$, et négatif pour $h > 2\varepsilon$. Donc, selon qu'on aura $h < \dfrac{v^2}{g}$ ou $h > \dfrac{v^2}{g}$, la formule de l'article 60 sera applicable ou ne le sera pas. Mais si l'on se reporte à l'équation de l'article 53, et aux observations de l'article 50, on se rappellera que, lorsqu'il s'agit de gonflement, l'expression de $\dfrac{ds}{dh}$ n'annonce l'existence d'un ressaut que lorsque le numérateur de cette expression devient négatif avant que le numérateur soit nul, c'est-à-dire (dans le cas particulier de $n = 0$ auquel s'applique la formule de l'article 53) lorsque $h$ étant égale à la profon-

deur du régime uniforme, est en même temps $< \frac{v^2}{g}$. Il résulte de ce rapprochement, 1°. que toutes les fois que, dans un canal rectangulaire, un gonflement produit par un barrage devra se terminer par un ressaut, la formule de l'article 60 en donnera la hauteur; et la formule de l'article 53, qui conduirait à un résultat absurde si l'on essayait de l'étendre à toutes les valeurs de $h$ comprises entre la plus grande et la plus petite profondeur du courant, sera applicable seulement à partir du ressaut, et fera connaître le profil longitudinal du gonflement depuis ce ressaut jusque près du barrage; 2°. qu'au contraire, lorsque l'application de la formule de l'article 53 conduisant à une courbe indéfinie vers l'amont du barrage (comme dans l'exemple de l'article 48), prouvera que le courant ne présente pas de ressaut, le même fait sera annoncé par la formule de l'article 60, qui, si on l'interroge sur la hauteur du ressaut, fera une réponse absurde en donnant cette hauteur négative. Cette concordance de deux formules dont chacune supplée l'autre au moment précis où celle-ci vient à manquer, me semble une confirmation tout-à-fait satisfaisante de l'exactitude de chacune d'elles.

[63.] La condition $h < \frac{v^2}{g}$ peut, au moyen de l'équation $hlv = Q$, se changer en $h^3 < \frac{Q^2}{l^2 g}$ ou en $v^3 > g\frac{Q}{l}$. On remarquera que $\frac{Q}{l}$ est la dépense, par seconde et par mètre de largeur, du canal rectangulaire.

[64.] L'emploi de la formule qui donne la hauteur du ressaut suppose connue la profondeur d'eau immédiatement en amont. Cette profondeur dépendra des causes qui détermineront l'écoulement de l'eau dans la partie supérieure du canal. Si celui ci offre une longueur assez considérable en amont du ressaut, et une pente suffisante pour entretenir la vitesse compatible avec l'existence de ce phénomène, la profondeur d'amont ne différera que très peu de celle du régime uniforme; c'est le cas des expériences que je viens de citer. Si, au contraire, le canal avait peu de longueur au-dessus du ressaut, il faudrait que la vitesse d'amont fût imprimée en vertu d'une chute, par exemple, au moyen d'une vanne de fond, d'une largeur égale à celle du canal, et derrière laquelle serait une charge d'eau suffisante. Dans ce cas, le canal étant en pente, et la hauteur de la retenue formée à son extrémité d'aval étant supposée constante, en faisant varier, ensemble ou séparément, la hauteur de l'orifice de la vanne et sa charge d'eau, ou, en d'autres termes, l'épaisseur $h$ et la vitesse $v$ de la lame d'eau, on ferait varier aussi la hauteur et le lieu du ressaut plus ou moins rapproché de la vanne. Enfin, lorsque l'épaisseur ou la vitesse de la lame d'eau sous la vanne ne seraient plus assez fortes pour que le ressaut atteignît la hauteur de la retenue, l'orifice de la vanne serait entièrement recouvert par l'eau d'aval. Ces diverses circonstances peuvent être soumises au calcul; mais je me borne à les indiquer, craignant de tomber dans des explications minutieuses et superflues pour quiconque aura donné quelque attention à ce qui précède.

[65.] M. Bidone, à qui l'on doit la connaissance précise des faits très intéressans consignés dans le tableau de l'article 60, a essayé avant moi de les lier par une formule. Sans entrer dans le détail d'une critique qui serait déplacée, qu'il me soit permis de dire que la règle de calcul qu'il propose, pour déterminer la hauteur du ressaut, est purement empirique, et pèche essentiellement en ce qu'elle renferme une quantité variable avec la hauteur du barrage, dont le ressaut ne dépend pas. Ceux qui auront lu ses mémoires et cet essai, s'apercevront que ce n'est pas en cela seul qu'il y a dissentiment entre nous : M. Bidone généralisant beaucoup trop, du moins à mon avis, les résultats très curieux obtenus par lui dans des circonstances, pour ainsi dire, exceptionnelles, admet que toujours « la surface de l'eau *dans l'étendue* du regonflement » occasioné par un réversoir, est sensiblement *plane et horizontale.* » Or, non-seulement ce principe présenté ainsi en général est contraire aux règles que j'ai essayé de déduire d'une théorie non contestée, règles qui se concilient d'ailleurs avec les faits constatés par le savant dont je parle; mais je crois pouvoir ajouter que son assertion est également contraire à l'expérience de tous les ingénieurs qui ont observé les effets des barrages, soit sur les rivières navigables, soit sur les cours d'eau utilisés par des établissemens industriels.

FIN.

**TABLEAU N° 1,** *relatif aux deux questions des articles 25 et 56.*

| 1 | 2 | 3 | 4 | 5 | 6 | 7 | 8 | 9 | 10 | 11 | 12 | 13 |
|---|---|---|---|---|---|---|---|---|---|---|---|---|
| $h$ | $3a\omega =$ $h(4,6+h)$ | $\nu =$ $\frac{25,6}{3a\omega}$ | $\frac{\nu^2}{2g} =$ hautr due à la vitesse $\nu$. | $83,2+4h$ | Produit $P$ des 2 colonnes 4 et 5. | Numérateur $= 3a\omega - P =$ 2e col. — 6e. | $3a\chi =$ $41,6+64,03h$ | $a\nu+b\nu^2$ valeur de RI corresp. à $\nu$. (Tab. Prony). | Dénominateur $=$ produit des col. 8 et 9. | $\frac{dz}{dh} =$ quotient des colonnes 7 et 10. | Distances des profondeurs consécutives. 1re approximation. | Distances des profondeurs de 2 en 2. 2e approximation. |
| 0,40 | 16,80 | 1,523 | 0,1182 | 84,80 | 10,0234 | 6,7766 | 67,212 | 0,0008848 | 0,053469 | 114 | 23 | 72 |
| 0,50 | 21,05 | 1,216 | 0,0753 | 85,20 | 6,4156 | 14,6344 | 73,615 | 0,0005701 | 0,041968 | 349 | 50 |  |
| 0,60 | 25,32 | 1,011 | 0,0521 | 85,60 | 4,4598 | 20,8602 | 80,018 | 0,0003982 | 0,031863 | 655 | 84 | 209 |
| 0,70 | 29,61 | 0,865 | 0,03814 | 86,00 | 3,2800 | 26,3300 | 86,421 | 0,0002945 | 0,025451 | 1035 | 126 |  |
| 0,80 | 33,92 | 0,755 | 0,02906 | 86,40 | 2,5108 | 31,4092 | 92,824 | 0,0002267 | 0,021043 | 1493 | 176 | 409 |
| 0,90 | 38,25 | 0,669 | 0,02281 | 86,80 | 1,9799 | 36,2701 | 99,227 | 0,0001798 | 0,017841 | 2033 | 234 |  |
| 1,00 | 42,60 | 0,601 | 0,01841 | 87,20 | 1,6054 | 40,9946 | 105,630 | 0,0001466 | 0,015485 | 2647 | 299 | 672 |
| 1,10 | 46,97 | 0,545 | 0,01514 | 87,60 | 1,3263 | 45,6437 | 112,033 | 0,0001218 | 0,013646 | 3345 | 373 |  |
| 1,20 | 51,36 | 0,498 | 0,01242 | 88,00 | 1,0930 | 50,2670 | 118,436 | 0,0001027 | 0,012163 | 4133 | 455 | 1000 |
| 1,30 | 55,77 | 0,459 | 0,01074 | 88,40 | 0,9494 | 54,8206 | 124,839 | 0,0000881 | 0,010998 | 4985 | 545 |  |
| 1,40 | 60,20 | 0,425 | 0,00921 | 88,80 | 0,8178 | 59,3822 | 131,242 | 0,0000763 | 0,010014 | 5930 | 643 | 1391 |
| 1,50 | 64,65 | 0,396 | 0,00799 | 89,20 | 0,7127 | 63,9373 | 137,645 | 0,0000670 | 0,009222 | 6932 | 749 |  |
| 1,60 | 69,12 | 0,370 | 0,00698 | 89,60 | 0,6254 | 68,4946 | 144,038 | 0,0000590 | 0,008498 | 8060 | 863 | 863 |
| 1,70 | 73,61 | 0,348 | 0,00617 | 90,00 | 0,5553 | 73,0547 | 150,441 | 0,0000527 | 0,007928 | 9215 |  |  |
|  |  |  |  |  |  |  |  |  |  |  | 4620 | 4616 |

**TABLEAU N° 2**, *relatif à la question de l'article 36, pour la 2ᵉ partie de l'aqueduc.* (Voir art. 38.)

*Nota.* Les titres des colonnes, à l'exception de la 3ᵉ, sont les mêmes qu'au Tableau n° 1.

| 1 | 2 | $v=\frac{17,92}{32\,u}$ | 4 | 5 | 6 | 7 | 8 | 9 | 10 | 11 | 12 | 13 |
|---|---|---|---|---|---|---|---|---|---|---|---|---|
| 1,20 | 51,36 | 0,3486 | 0,006195 | 88,00 | 0,5433 | 50,8167 | 118,436 | 0,0000529 | 0,006265 | 8111 | 736 | |
| 1,10 | 46,97 | 0,3815 | 0,007419 | 87,60 | 0,6482 | 46,3218 | 112,033 | 0,0000625 | 0,007002 | 6615 | 594 | 1326 |
| 1,00 | 42,60 | 0,4207 | 0,009022 | 87,20 | 0,7905 | 41,8095 | 105,630 | 0,0000749 | 0,007912 | 5284 | | |

**TABLEAU N° 3**, *relatif à la question de l'article 36, pour la 3ᵉ partie de l'aqueduc.* (Voir art. 39.)

*Nota.* Les titres des colonnes, à l'exception de la 3ᵉ, sont les mêmes qu'au Tableau n° 1.

| 1 | 2 | $v=\frac{7,68}{32\,u}$ | 4 | 5 | 6 | 7 | 8 | 9 | 10 | 11 | 12 | 13 |
|---|---|---|---|---|---|---|---|---|---|---|---|---|
| 1,00 | 42,60 | 0,1803 | 0,001657 | 87,20 | 0,1445 | 42,4555 | 105,630 | 0,0000162 | 0,001711 | 24813 | 1172 | |
| 0,95 | 40,423 | 0,1902 | 0,001844 | 87,00 | 0,1604 | 40,2626 | 102,4285 | 0,0000178 | 0,001823 | 22085 | 1041 | 2212 |
| 0,90 | 38,25 | 0,2008 | 0,002055 | 86,80 | 0,1784 | 38,0716 | 99,227 | 0,0000196 | 0,001945 | 19574 | | |

| 1 | 2 | 3 | 4 | 5 | 6 | 7 | 8 | 9 | 10 | 11 | 12 | 13 | 14 |
|---|---|---|---|---|---|---|---|---|---|---|---|---|---|
| $h-k$ | $u = 60 + (k+h) \times [70+2(h-k)]$ | $\nu = \dfrac{40}{u}$ | $\dfrac{\nu^2}{2g}$ | $2x = 140 + 8(h-k)$ | $\dfrac{\nu^2}{2g} \cdot 2x$ | Numérateur $u - \dfrac{\nu^2}{2g} \cdot 2x$ | $l = 0,000115u$ | $x = 70,07 + 4,47(h-k)$ | $av + bv^2$ valeur de RI corresp. à v. (Tab. Prony). | $x(av+bv^2)$ produit des colonnes 9 et 10. | Dénominat. différence des colonnes 8 et 11. | $\dfrac{ds}{dh} =$ quotient des colonnes 7 et 12. | Distances des profondeurs à consécut. |
| 1,70 | 184,78 | 0,216 | 0,002378 | 153,6 | 0,365 | 184,415 | 0,021250 | 77,669 | 0,0000223 | 0,001732 | 0,019518 | 9449 | — |
| 1,60 | 177,12 | 0,226 | 0,002603 | 152,8 | 0,398 | 176,722 | 0,020369 | 77,222 | 0,0000241 | 0,001861 | 0,018508 | 9548 | 949 |
| 1,50 | 169,50 | 0,236 | 0,002839 | 152,0 | 0,432 | 169,068 | 0,019493 | 76,775 | 0,0000261 | 0,002004 | 0,017489 | 9667 | 960 |
| 1,40 | 161,92 | 0,247 | 0,003110 | 151,2 | 0,470 | 161,450 | 0,018621 | 76,328 | 0,0000283 | 0,002160 | 00,16461 | 9808 | 973 |
| 1,30 | 154,38 | 0,259 | 0,003419 | 150,4 | 0,514 | 153,866 | 0,017754 | 75,881 | 0,0000308 | 0,002337 | 0,015417 | 9980 | 989 |
| 1,20 | 146,88 | 0,272 | 0,003771 | 149,6 | 0,564 | 146,316 | 0,016891 | 75,434 | 0,0000336 | 0,002535 | 0,014356 | 10192 | 1008 |
| 1,10 | 139,42 | 0,287 | 0,004198 | 148,8 | 0,625 | 138,795 | 0,016033 | 74,987 | 0,0000371 | 0,002782 | 0,013251 | 10475 | 1033 |
| 1,00 | 132,00 | 0,303 | 0,004680 | 148,0 | 0,693 | 131,307 | 0,015180 | 74,540 | 0,0000409 | 0,003049 | 0,012131 | 10824 | 1065 |
| 0,90 | 124,62 | 0,321 | 0,005252 | 147,2 | 0,773 | 123,847 | 0,014331 | 74,093 | 0,0000455 | 0,003371 | 0,010960 | 11300 | 1106 |
| 0,80 | 117,28 | 0,341 | 0,005927 | 146,4 | 0,868 | 116,412 | 0,013487 | 73,646 | 0,0000508 | 0,003741 | 0,009746 | 11945 | 1162 |
|  |  |  |  |  |  |  |  |  |  |  |  |  | 9245 |

TABLEAU N° 5, *relatif à l'expérience citée dans l'article 51.*

| 1 | 2 $v = \frac{Q}{\omega} = \frac{0,108}{h}$ | 3 $\frac{v^2}{g}$ | 4 Numérateur, $= h - \frac{v^2}{g}$ | 5 $ih = 0,023h$ | 6 $1 + \frac{2h}{l} = 1 + 6,15h$ | 7 $av + bv^2$ | 8 Produit P des deux colonnes précédentes. | 9 Dénominateur $ih - P$, 5ᵉ col. — 8ᵉ | 10 $\frac{ds}{dh} =$ quotient des colonnes 4 et 9. | 11 Distances des profond. A consécutives. | 12 Distances à partir de A = 0,28. |
|---|---|---|---|---|---|---|---|---|---|---|---|
| 0,28 | 0,385 | 0,015112 | 0,26489 | 0,00644 | 2,7220 | 0,0000635 | 0,00017 | 0,00627 | 42,2 |  | 0,000 |
| 0,27 | 0,400 | 0,016312 | 0,25369 | 0,00621 | 2,6605 | 0,0000682 | 0,00018 | 0,00603 | 42,1 | 0,421 | 0,421 |
| 0,26 | 0,415 | 0,017558 | 0,24244 | 0,00598 | 2,5990 | 0,0000730 | 0,00019 | 0,00579 | 41,9 | 0,420 | 0,841 |
| 0,25 | 0,432 | 0,019026 | 0,23097 | 0,00575 | 2,5375 | 0,0000787 | 0,00020 | 0,00555 | 41,6 | 0,417 | 1,258 |
| 0,24 | 0,450 | 0,020644 | 0,21936 | 0,00552 | 2,4760 | 0,0000849 | 0,00021 | 0,00531 | 41,3 | 0,414 | 1,672 |
| 0,23 | 0,470 | 0,022520 | 0,20748 | 0,00529 | 2,4145 | 0,0000922 | 0,00022 | 0,00507 | 40,9 | 0,411 | 2,083 |
| 0,22 | 0,491 | 0,024528 | 0,19512 | 0,00506 | 2,3530 | 0,0001001 | 0,00024 | 0,00482 | 40,5 | 0,407 | 2,490 |
| 0,21 | 0,514 | 0,026934 | 0,18307 | 0,00483 | 2,2915 | 0,0001091 | 0,00025 | 0,00458 | 40,0 | 0,402 | 2,892 |
| 0,20 | 0,540 | 0,029728 | 0,17027 | 0,00460 | 2,2300 | 0,0001197 | 0,00027 | 0,00433 | 39,3 | 0,396 | 3,288 |
| 0,19 | 0,568 | 0,032892 | 0,15711 | 0,00437 | 2,1685 | 0,0001317 | 0,00029 | 0,00408 | 38,5 | 0,389 | 3,677 |
| 0,18 | 0,600 | 0,036702 | 0,14330 | 0,00414 | 2,1070 | 0,0001461 | 0,00031 | 0,00383 | 37,4 | 0,379 | 4,056 |
| 0,17 | 0,635 | 0,041108 | 0,12889 | 0,00391 | 2,0455 | 0,0001628 | 0,00033 | 0,00358 | 36,0 | 0,367 | 4,423 |
| 0,16 | 0,675 | 0,046450 | 0,11355 | 0,00368 | 1,9840 | 0,0001829 | 0,00036 | 0,00332 | 34,2 | 0,351 | 4,774 |
| 0,15 | 0,720 | 0,052850 | 0,09715 | 0,00345 | 1,9225 | 0,0002070 | 0,00040 | 0,00305 | 31,8 | 0,330 | 5,104 |
| 0,14 | 0,771 | 0,060602 | 0,07940 | 0,00322 | 1,8610 | 0,0002360 | 0,00044 | 0,00278 | 28,6 | 0,302 | 5,406 |
| 0,13 | 0,831 | 0,070402 | 0,05960 | 0,00299 | 1,7995 | 0,0002726 | 0,00049 | 0,00250 | 23,8 | 0,262 | 5,668 |
| 0,12 | 0,900 | 0,082580 | 0,03742 | 0,00276 | 1,7380 | 0,0003179 | 0,00055 | 0,00221 | 16,9 | 0,203 | 5,871 |
| 0,11 | 0,982 | 0,098312 | 0,01169 | 0,00253 | 1,6765 | 0,0003764 | 0,00063 | 0,00190 | 6,1 | 0,115 | 5,986 |
| 0,10 | 1,080 | 0,119000 | −0,0190 | 0,00230 | 1,6150 | 0,0004526 | 0,00073 | 0,00157 | −12,1 |  |  |

9 782019 193720